金针菇
优质生产技术

JINZHENGU YOUZHI SHENGCHAN JISHU

高春燕　王朝江　李　慧　编著

中国科学技术出版社
·北　京·

图书在版编目（CIP）数据

金针菇优质生产技术 / 高春燕，王朝江，李慧编著 . —北京：
中国科学技术出版社，2019.6

ISBN 978-7-5046-8259-8

Ⅰ. ①金⋯　Ⅱ. ①高⋯　②王⋯　③李⋯　Ⅲ. ①金钱菌
属—蔬菜园艺　Ⅳ. ① S646.1

中国版本图书馆 CIP 数据核字（2019）第 054233 号

策划编辑	王双双　乌日娜
责任编辑	王双双　乌日娜
装帧设计	中文天地
责任校对	焦　宁
责任印制	徐　飞

出　　版	中国科学技术出版社
发　　行	中国科学技术出版社有限公司发行部
地　　址	北京市海淀区中关村南大街16号
邮　　编	100081
发行电话	010-62173865
传　　真	010-62173081
网　　址	http://www.cspbooks.com.cn

开　　本	889mm×1194mm　1/32
字　　数	127千字
印　　张	4.875
彩　　页	4
版　　次	2019年6月第1版
印　　次	2019年6月第1次印刷
印　　刷	北京长宁印刷有限公司
书　　号	ISBN 978-7-5046-8259-8 / S・750
定　　价	22.00元

1. 大型高压灭菌锅
2. 简易灭菌房
3. 简易小型灭菌灶
4. 灭菌包
5. 翻料机
6. 立式装袋机

1. 卧式装袋机
2. 半地下式菇棚
3. 水泥瓦草棚菇房

4. "人"字形遮阳网菇房
5. 仿工厂化栽培的菇房
6. 工厂化栽培金针菇厂区内景

1. 半地下式菇棚层架式栽培
2. 四川套袋栽培黄金针菇
3. 浙江白金针菇栽培
4. 工厂化栽培金针菇——待灭菌的金针菇料瓶
5. 工厂化栽培金针菇——采收
6. 工厂化栽培金针菇——包装

1. 工厂化栽培金针菇——采收生产线　　4. 搔菌后的菌瓶
2. 工厂化栽培金针菇——搔菌生产线　　5. 搔菌后正常生长的金针菇
3. 工厂化栽培金针菇——装瓶生产线

P*reface* 前 言

金针菇，又称构菌、朴菇、冬菇、朴蕈、毛柄金钱菌、绒柄金钱菌等，是生长于秋末春初的一种低温小型伞菌。野生金针菇常发生于朴树、榆树、桑树等阔叶树的树枝、埋木和树桩上。金针菇在自然界广为分布，中国、日本、俄罗斯、澳大利亚及欧洲、北美洲等地均有分布。在我国，北起黑龙江，南至云南，东起江苏，西至新疆，绝大部分地区均适合金针菇生长。

我国人工栽培金针菇技术起步于20世纪30年代，真正的商品性生产开始于60年代中期，经过几十年的不懈努力，金针菇产业得到了较快发展，逐步实现了工厂化和标准化生产。目前，我国已成为世界金针菇生产大国，在全世界范围内金针菇产量仅次于平菇、双孢蘑菇、香菇，是居第四位的主要食用菌。

金针菇是当今市场上十分走俏的天然保健食品，具有较高的食用价值和药用价值。金针菇子实体菌盖滑嫩、柄脆，营养丰富，味道鲜美，富含蛋白质、碳水化合物、矿质元素、维生素、真菌纤维素和人体必需氨基酸。以干品计，金针菇的蛋白质含量为8.39%～11.8%，人体必需的8种氨基酸占氨基酸总量的44%～50%，高于一般菇类，赖氨酸和精氨酸含量分别为5%～6%和0.45%～0.55%。同时，含锌量也较高，对增强智力，尤其是对儿童的身高和智力发育有良好的作用，因此国外称其为"增智菇"。金针菇中的不饱和脂肪酸占脂肪总量的34.88%，含有多种维生素与矿物质，不含胆固醇。另外，金针菇中还含有朴菇素，这是一种碱性蛋白质，能增强机体对癌细胞的抗御能力，具有显著的抗癌、抗衰老作用。经常食用金针菇，可以预防高血压和心肌梗死，降低胆固醇，促进消化，预防肝脏疾病及胃肠道溃疡，具有防病健身的功效。

联合国粮农组织指出，21世纪人类最合理的膳食结构是"一荤、一素、一菇"，随着人们对食用菌消费水平的日益提高，金针菇产业必将随着食用菌产业的发展更加蒸蒸日上。为此，笔者根据多年来对金针菇栽培技术的研究和对广大种植者成功经验的总结，编写了《金针菇优质生产技术》一书。全书以金针菇栽培关键技术为主线，结合生产中的实际问题，系统地介绍了金针菇优质生产技术。本书内容全面系统，技术科学实用，文字通俗易懂，适合广大金针菇种植者和基层农业技术推广人员学习使用，也可供农业院校相关专业师生阅读参考。

由于笔者水平有限，书中难免有错误和纰漏之处，敬请同行专家和广大读者批评指正。

编 著 者

Contents 目 录

第一章
金针菇栽培的生物学基础

一、金针菇的形态特征

金针菇是低温条件下生长的一种朵型伞菌，由菌丝体和子实体两部分组成。菌丝体是营养体；子实体是繁殖体，即食用部分，子实体最典型的形态特征是小菌盖、长菌柄。

菌丝体由孢子萌发而形成，在人工培养条件下，菌丝通常呈白色茸毛状，有横隔和分支，很多菌丝聚集在一起便成菌丝体。与其他食用菌不同的是，菌丝长到一定阶段会形成大量的单细胞粉孢子（也叫分生孢子），在适宜的条件下可萌发成单核菌丝或双核菌丝。有人在试验中发现，金针菇菌丝阶段的粉孢子多少与金针菇的质量有关，粉孢子多的菌株菇体质量相对较差，菌柄基部颜色较深。

子实体由菌盖、菌褶、菌柄三部分组成，多数成束生长，肉质柔软有弹性。菌盖呈球形或扁半球形，幼时球形，逐渐平展，过分成熟时边缘皱折向上翻卷。菌盖表面有胶质薄皮，湿时有黏性，颜色为纯白色、淡黄色或金黄色等。菌肉白色，中央厚，边缘薄，菌褶白色或带奶油色、稍密且不等长。菌柄细长脆嫩，长3.5～20厘米，直径0.2～1.5厘米，菌柄等粗或上部稍细，柄上端呈白色或淡黄色，柄基部暗褐色（黄色品种），初期菌柄内部有髓心，后期变为中空。

二、金针菇的生长发育周期

金针菇的生长发育周期为从孢子发育成单核菌丝，单核菌丝发育成双核菌丝，再发育为子实体，子实体再弹射出孢子的生长循环过程。金针菇为四极性异宗结合菌，分为有性世代和无性世代。

有性世代，子实体成熟后，在菌褶子实体层上形成担子，双核细胞在担子中进行减数分裂，产生 4 个担孢子，有 4 种交配型（AB、ab、Ab、aB）。担孢子在适宜的条件下萌发产生芽管，不断分支产生单核菌丝，交配型不同的单核菌丝之间进行结合，产生质配，形成双核菌丝。双核菌丝经过一个阶段的发育，生理达到成熟，在外界条件刺激下，菌丝扭结，形成原基，并发育成子实体，再产生担孢子，循环往复，完成有性世代。

无性世代，通过菌丝的粉孢子完成，菌丝生长时，细胞质收缩，中间产生空泡，进而形成粉孢子或粉孢子链，粉孢子大多是圆柱形或卵圆形，两端钝圆，表面光滑。金针菇的单核菌丝和双核菌丝都可以产生粉孢子，并且形态上没有差异。粉孢子的发生受温度、菌龄、营养成分等影响，光线与粉孢子产生关系不大，粉孢子无休眠期，且萌发快，萌发率高。单核菌丝和双核菌丝产生的粉孢子均为单核，并且具有极性，单核菌丝的粉孢子极性与亲本相同，双核菌丝的粉孢子极性有两种交配型，双核菌丝在产生粉孢子时由于去双核化现象，使粉孢子只保留双亲的其中一种交配型。粉孢子既可萌发产生菌丝体，进行无性繁殖，也可以与不同极性的担孢子、粉孢子、双核菌丝结合，进行细胞质质配，形成异核体及锁状联合，进行有性繁殖。与其他四极性异宗结合食用菌不同，金针菇的单核菌丝能够形成子实体，但生长速度慢，出菇晚，产量低，生产价值较低。金针菇的双核菌丝形成子实体后，菌柄上能长出分支，分支上还能长出第二次分支。

三、金针菇的生长发育条件

（一）营养条件

金针菇是一种腐生真菌，属异养生物，只能通过菌丝分解和利用自然界或人工调配的营养物质，从培养基中吸收现成的有机物质，如碳水化合物、蛋白质和脂肪的降解物。栽培过程中，培养料中营养成分的种类、数量、配比等对其产量和质量有直接的影响。金针菇菌丝生长和子实体发育所需的营养包括氮素营养、碳素营养、矿质营养和维生素类营养等。

1. 碳源　提供碳素营养的物质称为碳源。碳源是金针菇生长发育的主要营养来源。碳源既是合成碳水化合物和氨基酸的原料，也是菇类生命活动的能量来源。碳源几乎都来自有机化合物，如糖类、淀粉、纤维素、木质素等。在常见的碳源中，糖类分子化合物（如葡萄糖、果糖等单糖）可直接被菌丝吸收利用，而纤维素、半纤维素、淀粉等不能直接被利用，必须由菌丝分泌的酶将其分解后吸收利用。用可溶性淀粉、葡萄糖、蔗糖、甘露糖作为碳源时金针菇生长较好，栽培料中可用作碳素营养的物质主要有棉籽壳、棉渣、玉米芯、杂木屑及农作物秸秆等。

2. 氮源　提供氮素营养的物质称为氮源。氮源是金针菇合成氨基酸、蛋白质和核酸的原料。氮源主要是有机氮和无机氮化合物，金针菇可利用多种氮源，其中以有机氮最好，如蛋白胨、谷氨酸、尿素等；天然含氮化合物，如牛肉浸膏、酵母浸膏等也是很好的氮源。在栽培料中麦麸、大豆粉、米糠、玉米粉等原料含有大量的氮素营养。

碳素营养和氮素营养是金针菇生长发育中的主要营养，菇体对碳源和氮源的利用有一定比例，称之为碳氮比。碳氮比对菌丝体生长和子实体发育均有很大影响，因此含氮物质的添加量要有一定的标准，添加量过多，会阻碍营养生长转入生殖生长，不利菇蕾形成。金针菇是收获幼小子实体，适当增加氮源有利于转化率的提高，营养生长阶段碳氮比以（20～25）：1为宜，生殖生长阶段碳氮比以（30～40）：1为宜。

3. 无机盐 无机盐也称为矿质营养元素，是金针菇生长发育所不可缺少的原料。矿质元素一方面参与细胞的构成，起保持细胞渗透压平衡，促进新陈代谢的作用；另一方面是酶活性基本组成部分或酶激活剂，在调节金针菇生长活动方面起着很大作用。金针菇所需的矿质元素包括氮、磷、钾等大量元素和铁、锰、铜、锌、钼等微量元素。培养料中常需加入一定量的磷酸二氢钾、过磷酸钙、硫酸镁等矿质养分，普通栽培原料中的微量元素一般能够满足金针菇生长发育的需要，不需另外添加。

4. 维生素 金针菇是维生素 B_1 和维生素 B_2 的天然缺失型，必须从外界添加才能保证其良好生长。培养料中含有的维生素量基本上可以满足其生长需要，因此栽培料中一般不需添加维生素类物质。在配制母种培养基时，添加少量的维生素 B_1 或维生素 B_2，可使菌丝生长旺盛。

（二）环境条件

1. 温度 金针菇属低温型的恒温结实性食用菌，适宜秋冬、早春栽培和工厂化周年栽培。金针菇菌丝生长温度范围为5～32℃，最适生长温度为20～23℃。菌丝较耐低温，但对高温抵抗力较弱，温度超过34℃停止生长，甚至死亡。子实体形成和生长的温度范围为5～20℃，其中白色菌株为5～16℃；最适6～10℃；黄色菌株为7～20℃，最适8～12℃。低温条件下金针菇子实体生长较慢，但肉质厚、品质好；温度偏高时，生长较快，但品质较差。

2. 湿度 金针菇为喜湿性菌类，菌丝生长阶段要求培养料含水量为65%左右，空气相对湿度保持在65%～70%，子实体原基形成阶段要求空气相对湿度保持在 85%～90%，子实体生长阶段要求空气相对湿度保持在 80%～85%。培养料水分和空气的湿度过大时易引起金针菇根部腐烂病等病害和虫害的发生，湿度过小则影响菇体的生长且容易造成金针菇枯萎。

3. 空气　金针菇是一种好气性真菌，二氧化碳浓度对金针菇生长发育的影响远远超过对其他菌类的影响。菌丝生长阶段，对氧气的需求量相对较少；子实体原基形成和分化阶段，需有充足的氧气，才能正常形成并分化出菌盖；子实体生长阶段，为了提高菌柄长度、抑制菌盖发育，需适当增加二氧化碳浓度，才能培育出菌柄长、菌盖小的优质菇，生产中通过拉提套袋和套纸筒等措施达到这一目的，但二氧化碳浓度超过 5% 时，子实体不能形成。

4. 光照　金针菇不能进行光合作用，是一种厌光性菌类。金针菇菌丝生长阶段，不需要光线，若光照过强，对菌丝生长有抑制作用。子实体原基形成则需要微弱的光照，在完全黑暗条件下原基形成不良。子实体在正常生长条件下也需要弱光的诱导，弱光条件下菌盖、菌柄颜色浅，且菌柄的基部无茸毛和色素，品质好；光线强，则菌柄短，菌盖过早开放，商品性低。金针菇子实体具有强烈的向光性，光源方向的改变或栽培容器位置的移动均会造成菌柄的扭曲变形，影响品质。

5. 酸碱度　金针菇喜偏酸性环境，菌丝在 pH 值 3～8 范围内均能生长，适宜的 pH 值为 4～7，子实体形成期适宜的 pH 值为 5～6。在一定的 pH 值范围内，培养料偏碱时子实体会延迟形成，微酸性的培养料菌丝生长旺盛。生产中一般采用培养料自然 pH 值。

第二章
金针菇常见栽培品种

一、金针菇品种类型与栽培季节

（一）品种类型

目前，生产中普遍使用的金针菇栽培菌株可以分为两大类型：黄色菌株和白色菌株。黄色菌株的子实体为浅黄色至金黄色，特点是抗病力强，产量高，鲜菇质地脆嫩，口感比较好，出菇的适应温度范围比较宽，出菇早，有时会出现边发菌边出菇现象，转潮快，出菇的后劲比较足，后几潮菇占总产量的比例比较高，菇体色泽对光线比较敏感，菇体根部易发生粘连且颜色变为褐色；白色菌株的子实体为乳白色至纯白色，菇体白净，但单产较低，抗病能力相对较差，出菇时对温度反应比较敏感，一般在18℃以下出菇，产量主要集中在第一、第二潮菇，菇体质地鲜嫩柔软，菇体色泽对光线不太敏感。

（二）栽培季节

金针菇属于低温型菌类，栽培季节应根据其生理特性进行安排。出菇阶段的棚外温度在 -5～20℃范围内，均可进行出菇管理，设施条件下栽培金针菇，其各生产环节时间安排（以长江以北为例，长江以南可推迟 30 天）：母种生产期安排在 3 月中旬至

5月上旬，原种生产期在4月中旬至5月上旬，栽培种生产期在6月上旬至7月中旬，菌袋生产期在7月下旬至9月下旬，最早出菇期为10月上旬，集中出菇期为11月中旬至翌年2月份，最晚可延续至翌年3月下旬。初次种菇者，以9月上中旬栽培为宜，栽培过早，会因气温高、湿度大，污染难以控制。

栽培日期向前推100～115天为母种生产日期，向前推85～100天为原种生产日期，向前推40～50天为栽培种的生产日期。生产原种和栽培种的制种容器为输液瓶，输液瓶具有口小不易污染、瓶壁硬不易机械扎伤、可以反复使用等优点。专业制种户和制种大户常采用母种、原种、栽培种三级阶梯式繁种路线，一般种菇户采用外购原种和自繁栽培种的繁种路线。

二、金针菇栽培品种

多年来，由于我国食用菌菌种管理滞后，菌种供应者为了自身的商业利益，对品种随意冠名，导致金针菇品种与其他食用菌品种一样，其同物异名和同名异物的现象比较严重。目前，生产中所用的金针菇品种名称很多，各地区均有自己的当家品种和习惯用种，而且同一品种的菌株在不同的地区会有不同的编号和名称。因此，建议广大种菇户在选择品种时，要根据当地气候、栽培方式、原料资源、市场定位等因素，到正规的菌种供应单位购买适宜的品种。现对我国金针菇主产区常用栽培品种进行介绍。

（一）山东省常用品种

目前，山东省金针菇栽培的主要品种有金杂19、金针菇SD-1、金针菇SD-2等审定品种和金白1号、金针913等商业化菌株。

1. 金杂19　黄白色，低温品种。发菌温度5～34℃，出菇温度3～22℃，出菇整齐，抗性强，特耐二氧化碳，根部颜色较易变为褐色。生物学效率可达110%。

2. 金针菇 SD-1　低温型品种。菌丝体浓厚、细密，呈白色茸毛状，粉孢子少。子实体丛生、直立，通体纯白色。菌盖呈半圆球形，边缘内卷，直径 0.7～1.1 厘米，厚度 0.7～0.9 厘米，不易开伞；菌褶白色，离生；菌柄长 16～20 厘米，直径 0.25～0.35 厘米，韧性较强，菌柄近基部有细密、白色茸毛，粘连少，无褐变；孢子印白色。适宜工厂化控温菇房栽培。菌丝生长适温 20～23℃，子实体生长发育适温 5～16℃、最高耐温 19℃。出菇期菇房温度控制在 5～10℃，空气相对湿度控制在 85%～90%，二氧化碳浓度控制在 0.15% 左右，需灯光诱导。该品种菇潮间隔期为 12～14 天，生物学效率达 120%以上。

3. 金针菇 SD-2　低温型品种。菌丝体浓密，呈白色茸毛状，贴生，粉孢子少。子实体丛生，呈乳黄色至淡黄色。菌盖淡黄色，近半球形，顶部稍凸起，直径 0.7～1.3 厘米，厚度 0.7～0.8 厘米；菌褶乳白色，离生；菌柄上中部乳白色至乳黄色，下部淡黄色至黄色，长 15～19 厘米，直径 0.3～0.4 厘米，基部有褐变及少量黄色茸毛；孢子印白色。菌丝生长适温 20～25℃，子实体生长发育适温 6～19℃、最高耐温 22℃。出菇期菇房温度控制在 7～15℃，空气相对湿度控制在 80%～90%，二氧化碳浓度控制在 0.12% 左右，需散射光。生物学效率可达 125% 以上。

4. 金白 1 号　纯白色，出菇温度范围 5～22℃，第一、第二潮出菇整齐，菇柄粗细中等，柄长、挺直光滑，根部不粘连，菇体洁白晶亮，口感脆嫩，菇盖小球状，不易开伞。耐高温，上市较早。生物学效率可达 110% 以上。

5. 金针 913　浅乳黄色，出菇温度范围 5～15℃，较耐低温，菇柄长、硬挺。菇柄从顶部自上而下为浅白色，根部乳黄色，菇盖小球状、大小一致整齐，不易开伞，根部不易变褐色，第一、第二潮出菇整齐，色泽较好。生物学效率可达 110%以上。

（二）四川省常用品种

四川省栽培的金针菇为黄色品种，主要栽培品种有川金 3 号、川金 4 号、川金 6 号和 F2153 等。栽培方式分农业栽培模式和设施栽培模式两种，农业栽培模式使用的品种为川金 3 号和川金 4 号，设施栽培模式使用的品种为川金 6 号和 F2153。

1. 川金 3 号　子实体生长温度范围为 5～20℃，最适宜生长温度为 10～13℃；菌盖黄白色、半球形，直径 0.5～1.5 厘米；菌柄近白色，较粗壮，长 16～20 厘米，直径 0.5～0.9 厘米，基部无茸毛，菌柄实心。

2. 川金 4 号　子实体生长温度范围为 5～20℃，最适宜生长温度为 10～13℃；菌盖黄白色、半球形，直径 0.8～1.6 厘米；菌柄近白色，较粗壮，长 16～20 厘米，直径 0.3～0.48 厘米，基部无茸毛，菌柄实心。

3. 川金 6 号　子实体生长温度范围为 5～20℃，最适宜生长温度为 10～13℃；菌盖黄白色、半球形，直径 0.5～0.78 厘米；菌褶白色，稍密，不等长；菌柄长 15～20 厘米，直径 0.18～0.3 厘米，圆柱状，中空，基部有少量茸毛。

4. F2153　子实体生长温度范围为 5～20℃，最适宜生长温度为 10～13℃；菌盖黄白色、半球形，直径 0.4～0.68 厘米；菌褶白色，稍密，不等长；菌柄长 15～20 厘米，直径 0.16～0.28 厘米，圆柱状，中空，基部有茸毛。

（三）浙江省常用品种

浙江省栽培的金针菇主要有江山白菇（F21）、FL8903、雪秀 1 号等品种，其中江山白菇（F21）为自然季节栽培的主要品种、FL8903 为工厂化再生法袋栽的主要品种、雪秀 1 号为工厂化瓶栽的主要品种。

1. 江山白菇（F21）　子实体纯白色、丛生。菌盖半球形，肉厚不易开伞，成熟时菇柄柔软、中空，但不倒伏，下部生有稀疏的茸毛；菇盖直径 1～2 厘米，菇柄长 15～20 厘米、直径 0.2～0.3 厘米。菌丝白色、粗壮、浓密、粉孢子较少，锁状联合明显，生长快而整齐。菌丝在 3～33℃条件下均能生长，23～25℃条件下生长最快，4～24℃条件下能分化原基。子实体在 5～20℃条件下均能生长，10～15℃条件下子实体生长最好。江山白菇（F21）比一般金针菇品种耐高温。

2. FL8903　子实体丛生，菇蕾数多。菇盖小，直径 0.4～1 厘米，菇盖肉厚 0.3～0.4 厘米，不易开伞。菇柄直径 0.3～0.4 厘米、较硬挺，基部多粘连、有茸毛。菌丝生长最适温度 20～22℃，子实体发生最适温度 12～13℃。子实体发生时需要弱光刺激和充足氧气，以促进菇蕾发生，增加菇蕾数量，提高产量。

3. 雪秀 1 号　子实体丛生，出菇密度高，菇型秀美，色泽纯白。菌盖稍偏椭圆形，菌盖直径 0.4～1.2 厘米；盖顶略有凹凸感，厚约 0.29 厘米；菌柄直挺壮实，商品菇柄长 13～15 厘米，直径 0.2～0.5 厘米，基部茸毛少。菌丝生长温度 6～32℃，最适温度 18～19℃。出菇温度 5～18℃，最适温度 8～9℃，口感好，爽滑脆嫩，略带甘甜味，耐贮存。在 18～19℃条件下，菌丝满瓶一般需 30～32 天，装瓶到出菇整个生育期 58～60 天。

（四）河北省常用品种

目前，河北省金针菇多为农业栽培模式，有黄色菌株和白色菌株两大类，但是白色菌株的种植规模逐年减少。黄色菌株主要有苏金 6 号、黄金 1 号、黄 064 等，白色菌株主要有 Fv093、日金 1 号、1011 等。

1. 苏金 6 号　该菌株子实体丛生，单丛菇重 300 克左右，菌盖早期呈半球形至斗笠形、淡黄色，边缘薄，直径 1～2 厘米，菌褶白色。菌柄圆柱形，粗细均匀，长 10～15 厘米，直径 0.3～0.4 厘米，淡黄色至白色，适宜条件时下半部呈金黄色，茸毛不明显，菌柄不扭曲，属细密型，转潮快。在马铃薯琼脂培养基上，菌丝为白色茸毛状，初期较蓬松，后期气生菌丝紧贴培养基，生长速度快，菌丝生长最适温度为 23℃左右，在 pH 值 4.5～8 的培养基上皆可生长，较适宜 pH 值为 4.5～7。原基形成最适温度为 12～15℃，子实体生长温度范围广，6～22℃范围内均能正常生长，5～8℃时子实体生长缓慢、色泽较浅且不易开伞，质量最好。袋栽时培养基最适含水量为 70% 左右，子实体生长阶段空气相对湿度应达 85%～90%。菌丝生长阶段需氧量少，子实体生长阶段二氧化碳浓度以不超过 5% 为宜。棉籽壳、麦麸培养料栽培的产量高，生物学效率一般为 110%～130%。

2. 黄金 1 号　该菌株引自江苏省，在河北省试种后经组织分离所得。其特点是生长期较长，子实体淡黄色，有较强的抗病能力，出菇整齐，商品性好，生物学效率可达 110%～120%。菌丝生长最适温度为 22～25℃，子实体生长最适温度为 4～18℃。菌盖钟形，内卷边缘厚，淡黄色至白色，不易开伞；菌柄粗细均匀，稍有光泽，15 厘米以下几乎为白色，至 15 厘米以上转为淡黄色，褐变少。河北等地特别适宜在春节前后出菇。

3. 黄 064　该菌株引自山东省，在河北省试种后经组织分离所得。其特点为耐低温性较强，原基的最佳形成温度为 10～12℃，子实体最佳生长温度为 3～16℃，温度在 3～8℃时分支密集。子实体近白色，菌柄粗细均匀，每丛菇重 300 克左右，出菇在 3 潮以上，生物学效率达 110%～120%。出菇温度较高时，菌柄稍粗。河北等地特别适宜在春节前后出菇。

4. Fv093　该菌株在马铃薯蔗糖琼脂加 0.2% 蛋白胨、pH 值为 6 的培养基上，菌丝白色、粗壮平铺，粉孢子极少。菌丝在 5～30℃的温度范围均能生长，在 20～23℃适温条件下，12～14 天长满斜面。在棉籽壳加木屑培养基上，菌丝白色、浓密粗壮，当培养料含水量70%、pH值5～6.5时，菌丝生长良好。菌丝长满后，在5～16℃低温条件下15天左右现蕾，子实体在空气相对湿度85%～90%、温度7～12℃、空气流通的环境中生长最适宜，对光线要求不甚严格，在1000勒以下的漫射光中能保持子实体洁白不变色。一般袋栽从接种到出菇需60～70天，现蕾到采收需7～10天，可收2潮菇。子实体丛生，每丛160～240支，柄粗0.3～0.7厘米、中空。菌盖内卷，不易开伞，直径0.5～1.7厘米。整株子实体洁白有光泽，适合鲜销、制罐及冷冻出口的商品要求。该品种是河北省食用菌生产基地的主栽品种。

5. 日金1号 该菌株能利用多种碳源，以葡萄糖、果糖、蔗糖和甘露醇为佳；氮源以蛋白胨为佳。木屑和棉籽壳为栽培料时，分别添加20%和15%的麦麸，可满足其菌丝生长的营养需要。菌丝生长最适温度为20～25℃，出菇适宜温度为10℃左右。菌丝生长栽培料适宜含水量为60%～65%，出菇期间要求空气相对湿度保持在80%～90%；菌丝在pH值5～7的基质中能正常生长，最适pH值为6；菌丝在有光和无光环境条件下均能良好生长，光照可促进菌丝健壮发育，弱光可促使菌柄伸长，在有光环境中子实体仍为白色。子实体丛生，每丛菇200支以上，生长整齐。菌盖乳白色，早期呈钟形，不易开伞，半开伞时呈半球形，直径0.5～1.5厘米，菌肉厚0.3～0.4厘米，菌褶白色离生；菌柄乳白色，纤维质、脆硬，圆柱形、中空，粗细均匀，在近基部处有白色细密茸毛。该菌株适于木屑、棉籽壳培养料栽培，商品性能好，特别适宜工厂化种植。

6. 1011 河北省农林科学院主推品种。在生产中的主要表现为原基形成密集整齐，子实体生长整齐一致，抗病能力强，温度适应较广，在4～18℃温度范围内均能正常出菇，菌柄粗，菌盖厚，不易开伞，商品性好，生物学效率为60%～80%，特别适合北方地区半地下式菇棚栽培。

第三章
金针菇菌种生产技术

一、金针菇菌种分级与类型

（一）金针菇菌种分级

金针菇菌种实行母种、原种、栽培种的三级繁育程序，按照《食用菌菌种管理办法》和《食用菌菌种生产技术规程》的规定，栽培种只能作为栽培的接种物，不可再进行扩大繁殖。

1. 母种　母种即一级种。以经过规范育种程序培育出的，具有特异性、一致性和稳定性，经鉴定为种性优良的纯培养物作为种源，接种在试管斜面培养基上，扩大繁殖后得到的纯菌丝体称为母种，也有人称为试管种。母种常使用半合成培养基，以琼脂作为凝固剂。纯菌丝体在试管斜面上再次扩大繁殖后，则成为再生母种，供应生产用的母种实际上都是再生母种。母种扩大繁殖1次称为增加1代，在制种者手上，一般仅扩大繁殖1次，即增加1代。母种既适于繁殖原种，又适于纯种保藏。

2. 原种　原种即二级种。原种是由母种转接到木屑或棉籽壳等天然基质（培养基）上经培养而成的菌种，是菌丝体和天然基质的混合体。多以专用蘑菇瓶、罐头瓶、输液瓶、小规格耐高温塑料袋为容器。1支试管母种可扩繁6～8瓶原种。

3. 栽培种　栽培种即三级种。栽培种是由原种转接在天然基质上扩大繁殖而成的菌种，是菌丝体和天然基质的混合体。栽培种常作为栽培用菌种，或直接出菇，也有人称为生产用种。通常是用较大规格的耐高温塑料袋或玻璃瓶为容器，同样以木屑或棉籽壳等培养基进行培养。

（二）金针菇菌种类型

1. 按照物理性质划分　　根据菌种的物理状态，金针菇菌种分为固体菌种和液体菌种两种类型。

（1）固体菌种　　生长在固体培养基上的菌种称为固体菌种。目前，我国食用菌生产使用的各级商品菌种都是固体菌种，如以试管为容器的斜面一级种、以菌种瓶或聚丙烯塑料袋装的原种或栽培种。

（2）液体菌种　　生长在液体培养基上的菌种称为液体菌种。目前，我国金针菇液体菌种生产技术还不够成熟，特别是缺乏质量检验技术和方法，应用在农业式的分散栽培中存在很多风险因素。液体菌种应用较多的是从发酵菌丝体提取功能成分。

2. 按照培养料性质划分　　原种与栽培种的种型通常是按菌种所使用的基质材料划分的。常用的菌种类型有5类：谷粒种、木屑种、草料种、粪草种和木塞种。

（1）谷粒种　　以小麦、大麦、燕麦、谷子、玉米、高粱等禾谷类作物种子为培养基。特点是培养料利用率高，节约用种量，播种后萌发快，利于提高产量。谷粒种几乎适宜作为各种食用菌的原种，适宜作为金针菇原种。

（2）木屑种　　以阔叶树木屑为主料，配以麦麸、米糠等辅料为培养基，适用于金针菇原种和栽培种。

（3）草料种　　以作物秸秆、皮壳为主料，适量加入麦麸或米糠等辅料为培养基，适用于金针菇的原种和栽培种。

（4）粪草种　　以发酵过的堆肥为原料，堆肥中有一定量的氮肥。金针菇原种和栽培种一般不用此类培养基。粪草培养基适用于双孢蘑菇、大肥菇、巴西蘑菇（鸡松茸）的栽培种。

（5）**木塞种** 以木塞颗粒为主料，配以一定量的木屑填充物为培养基，金针菇菌种一般不用此类菌种。此类菌种更适合用作段木栽培香菇、木耳的栽培种，也适用于茯苓、猪苓、蜜环菌等。

二、生产菌种的培养基、容器和培养设备

（一）培 养 基

培养基是用人工方法配制的各种基质，以供给食用菌生长繁殖所需的营养物质。食用菌的培养基分为3种类型，即母种培养基、原种培养基和栽培种培养基。食用菌菌种制备过程中，从母种到原种再到栽培种，各个阶段的要求不同，所选用的培养基应有所区别。菌种的培养基与菇类生产时栽培料的配方在碳源、氮源、其他养分的配比及酸碱度等方面的要求是相同的，只是考虑到从母种到原种再到栽培种，各个阶段的目的不同，在物料选择上略有差别。一般母种菌丝较嫩弱，分解养分能力差，要求营养丰富、安全，氮素和维生素的含量高，需选用易于被菌丝吸收利用的物质，而且制作数量较少，一般使用葡萄糖、蔗糖、马铃薯、酵母膏、蛋白胨、矿物质及生长素等原料作为培养基。原种和栽培种所需培养基数量较多，而且菌丝分解养分能力强，便于培养和繁殖，为了降低生产成本可使用普通栽培主料，如棉籽壳、玉米芯、木屑等，再配以较高比例的栽培辅料（如麦麸、米糠等）。单独的粮食籽粒，如麦粒、玉米粒、谷粒等，可直接用于原种、栽培种制备。

（二）容 器

1. 生产母种的容器 可使用1.8厘米×18厘米或2厘米×20厘米的试管。

2. 生产原种的容器 ① 650～750 毫升、耐 126℃ 高温的无色或近无色玻璃菌种瓶或 850 毫升、耐 126℃ 高温的白色半透明且符合《食品包装用聚丙烯成型品卫生标准》规定的塑料菌种瓶，其特点是瓶口大小适宜，利于通气，不易被污染。② 15 厘米×28 厘米×0.05 毫米的耐 126℃ 高温、符合《食品包装用聚丙烯成型品卫生标准》规定的折口聚丙烯塑料袋，其优点是生产成本低，袋口大而装料容易；缺点是易被尖锐物扎破形成砂眼甚至小洞，导致菌种污染。

3. 生产栽培种的容器 除可以使用符合原种生产规定的容器外，还可使用小于或等于 17 厘米×35 厘米的耐 126℃ 高温、符合《食品包装用聚丙烯成型品卫生标准》规定的聚丙烯塑料袋。

（三）培养设备

1. 恒温培养箱 供母种和少量原种培养使用。

2. 培养室 培养室用于原种、栽培种和栽培袋发菌培养。培养室面积依使用目的而定，室内必须清洁干燥、通风良好。培养室需配置升温和降温设施，如空调、蒸汽管道、电加热器等，同时保温性能应良好。还应配置培养架，培养架宽 70～80 厘米，长度适宜，层间距 50 厘米，一般 4～5 层，最低层距离地面约 15 厘米，顶层距离屋顶不得低于 120 厘米。培养架不宜太宽、太高，否则操作不方便，而且摆放在中间和顶层的菌种散热差，易引起高温烧菌和杂菌污染。培养室应安装纱门和纱窗，严防老鼠和害虫进入，避免菌种受到危害。窗户还需安装百叶窗或窗帘遮光。

三、菌种生产中的无菌操作

各级食用菌菌种都是纯培养物，所谓纯培养物就是在基质上只有人工接种的生物，只有通过无菌操作才能达到纯培养状态。

在食用菌菌种生产中，达到各级菌种的纯培养需要以下 4 个环节的保证：①培养基的无菌。②纯培养物作为接种物（菌种）。③接种的无菌操作。④环境洁净，保证容器内培养物不受外来微生物侵染。在这 4 个环节中，接种物（菌种）和接种 2 个环节必须是无菌操作，培养基的无菌必须通过灭菌达到，培养期间需要消毒以创造洁净的环境条件。

（一）灭菌与消毒

灭菌和消毒是两个不同的概念，其目的不同，处理方法和适用的对象也不同。灭菌是用物理或化学的方法杀死或除去物品上或环境中所有微生物的方法；消毒是用物理或化学方法杀死物体表面上或环境中侵染性微生物的方法，因此消毒实际上是部分消毒，不能使被消毒物品达到无菌状态。在食用菌生产中，灭菌的应用对象是直接接触菌种的物品，如培养基、接种钩等；消毒的对象是不直接接触菌种的各类操作空间，如超净工作台、接种箱和培养室等，生产中应使其尽量保持洁净和接近无菌状态。灭菌的方法主要是高温，消毒的方法主要是使用消毒剂和杀菌剂对环境或物品进行喷洒、熏蒸、浸泡和擦拭。

1. 常用灭菌方法　在食用菌生产中，几乎全部使用高温进行灭菌，常用的高温灭菌方法有干热灭菌、火焰灼烧灭菌、高压蒸汽灭菌和常压蒸汽灭菌。①干热灭菌是用干热空气（170℃）杀死微生物的方法，常在烘箱中进行。灭菌的对象主要是玻璃器皿等，而培养基、橡胶制品、塑料制品等不适用干热灭菌法灭菌。②火焰灼烧灭菌是用火焰直接灼烧需要灭菌的器皿部位，利用高温将附着在上面的微生物杀死。此法灭菌彻底、迅速，适用于接种操作中对接种工具、试管口和瓶口的灭菌。常用的火源有酒精灯、煤气灯、沼气灯等。③高压蒸汽灭菌是采用压力容器如高压灭菌锅，工作原理是利用蒸汽的穿透能力，在一定的压力和温度条件下，使被灭菌物品温度升高，从而达到灭菌效果。④常压蒸汽灭菌是采用自制土蒸锅进行食用菌栽培种常压蒸汽灭菌的方法。这类灭菌容器不需要完全封闭，投资小，一些小型菌种厂多采用此方法。

2. 常用消毒方法 常用消毒方法主要有紫外线照射消毒、化学消毒、低温消毒等。①紫外线照射消毒是利用200～300纳米波长紫外线的杀菌作用，对空气或物体表面进行消毒，其有效作用距离为1.5～2米，以1.2米以内为最好。一般安装在无菌室、接种箱和接种操作台上，照射20～30分钟后，空气中95%的细菌就会被杀死。②化学消毒是利用化学药品杀死微生物，不同的消毒对象可以选用相应的化学试剂消毒。工作台面、用具、手常采用75%酒精和0.25%新洁尔灭等化学试剂擦拭进行表面消毒；无菌操作空间常用2%煤酚皂（来苏儿）、石炭酸、气雾消毒盒等消毒。③低温消毒即巴氏消毒，一般在60～70℃条件下处理0.5～24小时，多数危害食用菌菌种的真菌即可死亡，从而达到预防污染的目的。低温消毒多用于栽培种的处理。

（二）无菌操作技术

无菌操作是食用菌菌种生产的基本操作，包括接种前的准备工作和接种操作。

1. 接种前的准备

（1）检查接种工具是否准备齐全，摆放位置是否合理，是否便于操作。接种工具包括接种针、接种钩、接种刀、接种勺、接种铲及镊子。

（2）无菌操作前要对无菌室先进行清洁消毒，包括地面和墙体内壁清洁、空气消毒、操作台表面消毒。

（3）对无菌室进行消毒处理后，再摆放接种物和被接种物。

（4）全面对空间、台面、接种物和被接种物的表面消毒，常用的消毒方法有紫外线照射、气雾消毒盒熏蒸等。

（5）操作人员彻底清洗手部，进入无菌室后再用75%酒精对手进行表面消毒。

2. 接种操作

（1）直接接触接种物和被接种物的接种工具保持绝对无菌。

（2）动作轻盈快捷，尽量减少接种物和被接种物在空气中的暴露时间。

（3）尽量减少空气振动和流动，接种操作无间断，操作期间无人员出入。

（三）接种工具与接种场所

1. 接种工具　常用的接种工具有接种针、接种钩、接种刀、接种勺、接种铲、镊子等。接种工具、试管口、棉塞等用酒精灯的火焰消毒，双手、菌种管（瓶）口等用酒精棉擦拭消毒。

2. 接种场所

（1）**接种箱**　又叫无菌箱，是供菌种分离、移接的专用操作箱。接种箱一般为木质结构，镶嵌玻璃，封闭严密，熏蒸消毒灭菌处理后成为无菌环境。特点是制作简单、便于移动、消毒灭菌方便、气温高时人在外面操作不会感到闷热。接种箱放置的房间要邻近灭菌室，房间要宽敞明亮，经常保持干净，不要与其他操作间混用。

（2）**超净工作台**　它是无菌操作的一种高档设备，与接种箱相比较，具有工作条件好、操作方便、效率高、无菌效果好、无消毒药剂对人体产生危害等优点。但价格较高，需消耗电能，必须安装于洁净密闭的房间内。

（3）**接种室**　又叫无菌室，分内、外两间，里间为接种间，外间为缓冲间，要求房间密封性好。一般接种间面积为 $6\sim10$ 米^2，缓冲间面积为 $2\sim10$ 米^2，房间高为 2.5 米左右。接种室应设置推拉门，以减少空气流动。接种室具有接种量大、操作方便的优点。接种室也可由现成的房间改造而成。

（4）**接种帐**　一般用钢筋焊接成支架，围以塑料薄膜，外形似蚊帐，面积为 4 米 ^{2}，高为 2 米。使用接种帐时，要求房间干净，避免空气流动。内部设施和使用方法，类似于接种室。

（5）**开放场所** 选择空旷、清洁、干燥、通风的场地作为接种场所。其优点是操作简便，不需配置特殊设备。

3. 接种场消毒

（1）**甲醛熏蒸** 将甲醛溶液放入一个容器内，通过加热使醛气体挥发消毒，每立方米空间用 40% 甲醛 8～10 克。也可每立方米空间用 40% 甲醛 8～10 克与高锰酸钾 4～5 克混合，利用化学反应产生的热量使其挥发消毒。

（2）**紫外线照射** 利用紫外线照射 20～30 分钟，空气中 95% 的细菌会被杀死，其有效作用距离为 1.5～2 米，以 1.2 米以内为最好。紫外线无穿透能力，若物品堆积过多、过密，将影响消毒效果。

（3）**烟雾剂熏蒸** 可用食用菌专用烟雾剂二氯异氰尿酸钠，用量为每立方米 4～8 克。

（4）**臭氧发生器** 臭氧杀菌具有高效彻底、高洁净性和无二次污染等优点。

（5）**喷施消毒剂** 常用 2% 来苏儿、0.25% 新洁尔灭、2% 过氧乙酸、0.1% 美帕曲星（克霉灵）等溶液喷雾，主要用于开放性场地及盛种器皿消毒。

4. 接种箱无菌接种操作规程

（1）接种箱应放置在干燥清洁的房间内进行接种操作，操作时关闭门窗，使室内无对流空气。

（2）将接种瓶（袋）和接种工具放入接种箱内，接种前按每立方米空间用食用菌专用烟雾剂 4～8 克，点燃密闭熏蒸 30 分钟，再打开臭氧发生器 20～30 分钟，进行灭菌消毒，然后开始接种。

（3）接种人员的双手、接种工具和菌种管、瓶、袋的外壁均需用 75% 酒精棉擦拭灭菌。

（4）接种时掉落的菌块或打碎的有菌容器，要用酒精棉擦拭干净后方可继续工作。接种时要注意安全，若棉塞着火，应立即用手紧捏熄灭。

（5）接种完毕，接种物与用具全部搬出，然后用 75% 酒精擦拭箱内各个部位及接种工具，并打开臭氧发生器或紫外线灯20 分钟，使其保持清洁干燥。

5. 接种室无菌操作规程

（1）接种前 1 天，先在接种室空间喷少量的清水降尘，将已灭菌的培养基、所需器材、用具及工作衣帽等放入接种室，关闭门窗，然后用食用菌专用烟雾剂熏蒸灭菌。

（2）接种当天，打开臭氧发生器 30～40 分钟进行再次灭菌，或用食用菌专用烟雾剂熏蒸 20～30 分钟灭菌。

（3）接种操作时，动作力求迅速、轻巧，尽量减少污染的机会。用过的火柴棒、棉球、废物应放入容器内，不得丢在地上。其他要求与接种箱操作规程相同。

（4）接种完毕，把器具搬出，将桌面收拾干净，用杀菌药液擦净台面及地面。

6. 超净工作台无菌接种操作规程

（1）将接种瓶（袋）和接种工具放入已消毒的接种室内，再打开紫外线灯或臭氧发生器 20～30 分钟杀菌。

（2）启动电源，机器正常运转 30 分钟后，操作区空气净化完成后方可进行接种。

（3）工作人员穿无菌工作服，戴好口罩和帽子。

（4）接种工具放在台面两侧或下风侧，操作人员的手置于接种材料的下风侧。

（5）工作时严禁搔头、快步走动、推拉门窗等发尘量大的动作。

（6）接种操作时，动作力求迅速、轻巧，尽量减少污染的机会。用过的火柴棒、棉球、废物应放入容器内，不得丢在地上。其他要求与接种箱操作规程相同。

（7）接种完毕，把器具搬出，将桌面收拾干净，用杀菌药液擦净台面及地面。

四、金针菇母种制备

（一）菌种的分离

1. 种菇的挑选　用作组织分离或孢子分离的金针菇种菇，必须在抗逆性强的高产群体中挑选出菇早、菇型圆整、大小适中、无病虫危害、未开伞的菇体作为种菇。由于第一、第二潮菇较能体现早熟性状，而且菌棒养分充足，菇体健壮，用其做孢子分离或组织分离，易得到具有本品种（菌株）特性的菌丝体纯培养物（菌种）。所以，应在第一、第二潮菇中挑选种菇。

2. 组织分离步骤　金针菇可采用组织分离法获得菌种。主要有以下步骤。

第一步，挑选种菇，采收后装入无菌纸袋内（忌用塑料袋）。

第二步，在无菌条件下，先用酒精棉对菇体进行表面消毒，然后手持菌柄将菇体撕成两半，取手术刀并用火焰灭菌，待手术刀冷却后在菌盖、菌柄交界处挑取米粒大小的菌肉1块，移植到事先配制并经过灭菌的马铃薯琼脂培养基斜面上培养。

第三步，在温度25℃、干燥、避光条件下培养3～5天，可看到分离物表面长出的白色茸毛状菌丝呈星芒状在培养基上生长。培养期间，每隔1～2天检查1次，随时淘汰霉菌或细菌污染的培养物。培养10～15天后，再做1次转管培养，即可得到金针菇母种。然后经栽培试验，确认其可以正常出菇后方可用于菌种生产和栽培。

组织分离法获得的菌种不能直接作为生产用种。这是因为生产用种会数以千万倍地繁殖，而分离物未经过群体一致性的检验和种性检验，即使其亲本是优良品种，但这个分离物自身是否完全保留了亲本的优良性状，在做全面检验和测试之前仍一无所知。目前，对食用菌菌种的某些生产性状虽可进行室内初步鉴定，但是作为生产中应用的种源，完全靠实验室内的实验技术进行鉴定和测试还远远不够，应对未知性状的培养物进行出菇试验。组织分离物栽培中将会有何种表现，在出菇试验前，从理论上预测其与亲本的差异不会很大。从数学概率论上分析，组织分离物的综合性状和质量水平会有 3 种情况：一是与亲本相近，但不会完全相同；二是优于亲本；三是劣于亲本。生产实践证明，组织分离的培养物需要有较大的数量为基础，才可能获得优于亲本的个体。如果只是随手做 1～2 个或几个组织分离，虽然可获得菌种，但是出菇试验的结果多表现为性状不及亲本。基于上述原因，组织分离得到的培养物，未经全面鉴定和测试，不能作为生产用菌种投入使用。

（二）母种常用培养基

1. 马铃薯琼脂培养基 马铃薯（去皮）200 克，葡萄糖（或蔗糖）20 克，琼脂 20 克，水 1 000 毫升。

2. 马铃薯琼脂综合培养基 马铃薯（去皮）200 克，葡萄糖 20 克，磷酸二氢钾 3 克，硫酸镁 1.5 克，维生素 B_1 10～20 毫克，琼脂 20 克，水 1 000 毫升。

3. 葡萄糖蛋白胨琼脂培养基 葡萄糖 20 克，蛋白胨 20 克，琼脂 20 克，水 1 000 毫升。

4. 蛋白胨、酵母、葡萄糖琼脂培养基 蛋白胨 2 克，酵母膏 2 克，硫酸镁 0.5 克，磷酸二氢钾 0.5 克，磷酸氢二钾 1 克，葡萄糖 20 克，维生素 B_1 20 毫克，琼脂 20 克，水 1 000 毫升。

（三）母种培养基制作

以马铃薯琼脂培养基为例，按照以下操作步骤制作母种培养基。

1. 计算 选好培养基配方，按需用培养基的数量计算好各种原料的用量。

2. 称量　准确称量配制培养基的各种原料。

3. 配料　先制取马铃薯煮汁，方法是将马铃薯洗净、去皮、切成薄片（切后立即放水中，否则马铃薯易氧化变黑）。称取马铃薯片 200 克放在锅中，加水 1 000 毫升，加热煮沸 15～30 分钟，至薯片酥而不烂为止。用 4 层纱布过滤，取其滤液，加水补足 1 000 毫升，即为马铃薯煮汁。然后在煮汁中加入琼脂进行加热，用玻璃棒不断搅拌至琼脂全部融化后，再加入葡萄糖（或蔗糖）和其他原料，边煮边搅拌，直至全部融化。生产中要注意防止烧焦或溢出，因为烧焦的培养基的营养物质被破坏，且容易产生有害物质，不宜使用。

4. 调整酸碱度　一般用 10% 盐酸和 10% 氢氧化钠调整 pH 值，使其达到最适宜值。调整时要小心，一滴一滴地加碱或加酸，不要调得过碱或过酸，以免某些营养成分被破坏。天然培养基的酸碱度可不做调整。

5. 分装　培养基配好后，趁热将其分装入试管内，装量占管长的 1/5～1/4 为宜。装管时勿使试管口沾上培养基，若沾上需用纱布擦去，以防杂菌在管口生长。

6. 塞棉塞　分装后，管口塞好棉塞，棉塞塞入管内的部分约为棉塞总长的 2/3，而管外部分不短于 1 厘米，以便于无菌操作时用手拔取。

7. 灭菌与摆斜面　试管包扎好后，放入铁丝筐中。将铁丝筐竖直放入高压蒸汽灭菌锅内灭菌。在 103.46 千帕（约 1.05 千克/厘米^2）压力条件下灭菌 30～60 分钟。灭菌后取出，摆放斜面。摆斜面时桌上放一根木棒，将试管倾斜并逐支摆放或成束摆放，斜面长度为试管总长度的 1/2～2/3，冷却凝固后即成斜面培养基。

制作棉塞应选用梳棉，不能用脱脂棉，也不宜用化纤棉。棉塞的作用：一是过滤杂菌；二是通气，为菌丝生长提供氧气。棉塞的松紧度应适当，太紧通气性不好，菌丝生长得不到充足的氧气；太松则起不到过滤杂菌的作用。棉塞的制作方法：取适量棉花撕垫成中间厚、周边薄的圆面包形，放在左手食指与拇指圈成的圆环上，用右手食指往下顶压，使之成为钟形或燕尾形，尾端棉絮毛茬状。塞入管口时，将毛茬折转贴在棉柱上。

根据《食用菌菌种生产技术规程》的要求，生产母种的容器应选用 1.8 厘米×18 厘米或 2 厘米×20 厘米的玻璃试管，培养基的分装量掌握在试管长度的 1/5～1/4，灭菌后摆放成的斜面顶端距棉塞 4～5 毫米，这一斜面长度兼顾了菌种用量和避免污染两方面的需要。分装量太少，斜面短，菌种用量少；分装量太多，摆斜面时易使培养基沾到棉花塞上，致使棉花塞污染杂菌。

（四）母种培养基灭菌

母种培养基采用高压蒸汽灭菌，具体操作如下。

第一步，检查各部件完好情况，如安全阀、排气阀是否失灵，是否被异物堵塞，以防操作过程中发生故障和意外事故。

第二步，向灭菌锅内加水至水位标记高度，如水过少，易烧干而造成事故。

第三步，将待灭菌的栽培料袋、料瓶或其他物品等分层次且整齐地排列在锅内。注意留有适当空隙，便于蒸汽的流通，以提高灭菌效果。

第四步，盖上锅盖，两对角同时均匀拧紧锅盖上的螺栓，以防漏气。

第五步，关闭排气阀，开始加热。当锅内压力上升至 49.04 千帕（约 0.5 千克/厘米^2），打开排气阀，排尽锅内冷空气，使压力降至 0 处，再关上排气阀。为了排尽冷气，还可以再次将锅内压力升至 49.04 千帕（约 0.5 千克/厘米^2），然后再排冷气使压力降至"0"。这是因为如果冷空气未排净，即使锅内达到一定压力，温度仍达不到应有程度，从而影响灭菌效果。

第六步，继续加热，当锅内压力升至 103.46 千帕（约 1.05

千克/厘米²）时，对应的温度为 121℃，即为灭菌的开始时间。这时应调节热源，保持所需的压力，棉籽壳栽培料经过 1～2.5 小时、液体培养基经过 0.5～1 小时，即可达到彻底灭菌。在压力维持期间，若压力在加热时突然下降，则表明锅内已无水，应停止加热。

第七步，关闭热源，待压力自然下降至"0"或用排气阀使压力降至"0"时，打开锅盖，取出灭菌物品。

第八步，灭菌效果检查，若为斜面培养基，可直接抽取几支试管放到 30℃的恒温培养箱内；若为各类栽培料，可自料袋内部随机挑取一点料放到试管斜面培养基上，置于 30℃恒温培养箱内，培养 2～3 天后若无杂菌生长，便是灭菌彻底。如果灭菌不彻底，下次再灭菌时要延长时间，并增加冷气排放次数。

母种培养基灭菌结束后，不能马上摆放斜面，其原因是培养基温度高，冷凝中形成的大量水蒸气，随后会使斜面上出现较多的冷凝水，冷凝水太多，既影响菌种生长，又容易污染细菌或霉菌。为了减少斜面上的冷凝水，应在灭菌结束后微开锅盖，让培养基慢慢冷却至 70℃左右时取出，摆放斜面，摆放后再覆盖一层棉被保温。

（五）母种接种

母种接种就是将上一代母种移接到新试管培养基的过程，也称为转管，或斜面接种。接种前必须对接种室或接种箱进行消毒，以保证进行严格的无菌操作。具体操作步骤如下。

第一步，用 75% 酒精棉涂擦操作人员双手、菌种试管外壁，以及接种钩或接种针。

第二步，点燃酒精灯，用火焰消毒接种钩、接种针和试管口部分。消毒试管口端时，先用火焰烤棉塞至微黄，然后取下棉塞，重点灼烧管口，稍冷却后复堵上棉塞。经消毒的试管种管、接种针等工具放在支架上冷却备用。

第三步，左手食指和中指并拢在下面托住种管和预接种管，大拇指在上面固定试管，使管口端仍处于火焰周围的无菌区。右手拔掉种管棉塞，放到一边。用接种钩耙掉管表面气生菌丝和老菌皮，切除琼脂斜面尖端失水干燥的部分。然后，轻轻割断并挑起一块菌种块，迅速将接种钩抽出试管。注意不要使接种钩碰到管壁。

第四步，右手小拇指拔下预接种管棉塞后，迅速将接种钩伸进斜面培养基试管，将挑取的菌丝放在斜面培养基的中央。注意不要把培养基划破，也不要使菌种沾在管壁上。

第五步，抽出接种钩，灼烧管口，并在火焰旁将棉塞塞上。塞棉塞时，不要用试管去靠近棉塞，以免试管在移动时进入不洁净空气。

第六步，接种钩复插入种管内，借接种钩柄的力量挑起种管。左手趁势放下接好种的试管，再拿起一支新的斜面培养基试管。挑起的试管由左手托起，再挑种块，再放种，如此循环往复。

第七步，在接菌种的斜面培养基试管上，贴上标签，注明菌名和接种日期等。

一般 1 支母种试管可转接 30～40 支试管。接种完毕，用纸包扎试管上部，10 支或 5 支为 1 捆，放入 25℃恒温培养箱内或自然温度条件下培养，并进行无菌检查。

（六）母种菌丝培养

母种接种后，应立即移到菌种培养室培养或恒温箱内培养。培养室的温度一般控制在 24℃左右，空气相对湿度不超过 70%，要求空气新鲜、避光。接种后母种垂直放在小筐内培养，可避免培养过程中凝结的水蒸气溢流到斜面上。如果平放，应将管口前端稍微垫高，并使斜面朝下。正常情况下，母种接种后，即以种块为生长点向四周呈辐射状蔓延。培养 3～4 天后，要逐管检查杂菌污染情况，确保母种纯度。若斜面上出现黏稠状物，大多是培养基灭菌不彻底造成的细菌污染；若斜面上出现分散性菌落，则多为菌种带菌所致。在适温条件下，母种培养 7～10 天后，菌丝即可长满斜面。暂时不用的母种，应在母种长满之前，及时移入冰箱冷藏室保存。保藏的母种棉塞头要朝外，用报纸包扎好或盖好，以防冰箱冷凝水浸湿棉塞。母种要贴上标签，防止品种混杂。母种培养期间，若通气不良、氧气不足，菌丝容易老化、发黄，因此培养大量母种时不宜放在通风不良的恒温箱内培养。

五、金针菇原种制备

（一）原种培养基常用原料与配方

1. 原料　原种培养基常用原料有木屑、棉籽壳、小麦、谷子、米糠、麦麸、碳酸钙、石膏（硫酸钙）和石灰。石膏分为生石膏、熟石膏，后者是前者煅烧而成的，两者均可使用。石灰分为生石灰（氧化钙）和熟石灰（氢氧化钙）两种，一般采用熟石灰作为碱性物质，以提高培养料的 pH 值。

2. 配　方

（1）木屑、麦麸培养基：木屑 78%，麦麸（米糠）20%，石膏 1%，石灰 1%，含水量 60%～65%。

（2）棉籽壳、麦麸培养基：棉籽壳 78%，麦麸（米糠）20%，石膏 1%，石灰 1%，含水量 60%～65%。

（3）玉米芯、麦麸培养基：玉米芯 50%，豆秸粉（花生皮粉）31%，麦麸 10%，玉米粉 5%，石膏 1%，石灰 3%，含水量 65%～70%。

（4）粮食籽粒培养基：小麦（谷子，高粱）98%，轻质碳酸钙 1%，石膏 1%，含水量 60%。

（二）原种培养基制作

1. 粮食籽粒培养基　选择无破损的粮食籽粒，用水冲洗

2～3次，用冷水浸泡吸胀或用水煮沸吸胀均可。冷水浸泡吸胀，气温低时吸胀时间为 24 小时，气温高时吸胀时间为 12 小时，浸泡到无白心为宜。将籽粒捞起用清水冲洗，沥干后放入锅中煮熟。水煮沸吸胀是将洗净的籽粒直接放入沸水锅中煮熟，标准是熟透而不"开花"，否则易感染细菌。煮沸的时间因籽粒大小而有差异，如谷粒需 13～15 分钟、麦粒需 25～30 分钟。捞出后用纱布包好吊起沥水 8～12 小时，或摊放在竹筛或铁丝网上沥水，沥水的标准是籽粒湿重为干重的 1.5～1.7 倍。沥水后拌入石膏粉和碳酸钙粉，装瓶。宜用小口玻璃瓶，装料至瓶高的 3/5～4/5。采用高压灭菌锅灭菌，需在 103.46 千帕（约 1.05 千克／厘米²）压力下保持 1.5～2.5 小时即可。灭菌结束，压力回至"0"后趁热出锅，用力振荡瓶内籽粒，以防瓶壁冷凝水浸渍籽粒，导致污染。

2. 其他类培养基　按培养基配方要求的比例，分别称取原料。采用全机械拌料的还要依据拌料腔容量的大小，把主料、辅料分为若干份，分别加水搅拌均匀。采用手工拌料的应先将主料放入盒内或摊放于水泥地面上，麦麸类辅料撒于上面，用锨翻匀，倒入混有石膏、石灰的水后再翻拌均匀，注意不能有干料块。棉籽壳类培养料含水量应为 65% 左右，即用手紧握料时指缝间有水渗出但不滴水；木屑类培养料含水量应为 60%～65%，即用手握料成团，掉地上即散；玉米芯、秸秆类培养料含水量大，用手握法感知含水量误差大，需称量添加。拌料后要迅速分装，分装的容器为广口罐头瓶、塑料袋等。如需堆闷，应注意透气和翻料。分装前要检测酸碱度，若 pH 值偏低，可用石灰粉或浓石灰水调节。

（三）原种培养基容器与分装

为了保证原种无污染和便于检查，多采用透明度较高的玻璃瓶，如 750 毫升菌种瓶，瓶口直径 30～32 毫米；500 毫升或

250毫升输液瓶，瓶口直径19毫米；500毫升或750毫升广口罐头瓶，瓶口直径80毫米。瓶颈小的，污染率低，但装料困难，适于粮食籽粒种的制作；瓶颈过大，易造成污染。近年来，也有用800毫升塑料瓶和（12～15）厘米×（25～28）厘米规格的聚丙烯塑料袋代替玻璃菌种瓶制种的，后者还常与塑料套环配合使用。

1. 装广口罐头瓶　装瓶前必须把空瓶洗刷干净，并倒净瓶内剩水。气温高时拌料后要迅速装瓶，以免料堆放置时间过长而酸败。装料时，先装入瓶高的2/3，用手握住瓶颈，将瓶底在料堆上轻轻磕几次，使培养料沉实。然后，继续装到瓶颈，用手指伸入瓶口，把培养料压实至瓶肩处，使料上部平实，瓶底和瓶中部稍松，以利于通气发菌。培养料装完后，用直径1.5厘米的圆锥形捣木或改锥钻1个圆洞，直达瓶底部，以利于菌丝生长繁殖。然后用湿布擦去瓶口或外壁上的培养料。瓶口盖上一层或双层聚丙烯膜（14厘米×14厘米），用皮筋或细绳扎牢。装瓶机装的瓶也要用手压料至瓶肩处，并进行擦瓶和扎孔。装料封口的培养料瓶，应及时进行消毒灭菌，以控制灭菌前料内微生物的繁殖生长，防止培养料变质。

2. 装塑料袋　原种一般用规格为（26～28）厘米×（14～16）厘米×0.04毫米的塑料袋，多为一端封口的折角袋。为了方便两头接种，栽培种袋一般采用两头开口的筒袋，使用前一端先用塑料绳扎口，装料后再用塑料绳扎另一端口，扎绳紧贴袋面，绳结外侧应余有2厘米的长度。若留得太短，将来放种后不好扎口。培养料装入袋后，用塑料绳将两头绑住。装料后的塑料袋为圆柱形，袋高12～15厘米。在袋口外面套加直径3.5厘米、高3厘米的硬塑料环，并将塑料袋口外翻，形成与瓶口一样的袋口。袋口塞上棉塞，包上防潮纸。也可不加套环，挤压净袋内空气，直接用塑料绳扎紧。高压锅灭菌，必须用聚丙烯袋，同时应掌握缓升压和自然降压的方法，以防温度和压力骤升与骤降，造成塑料袋变形破损。

（四）原种培养基灭菌

培养基配好后，一般采用高压蒸汽灭菌或常压蒸汽灭菌方法进行灭菌。

1. 高压蒸汽灭菌操作方法 将灭菌锅内的水加至规定水位，把待灭菌菌种瓶（袋）装入锅内，摆放时应留有间隙，不可挤得太紧。然后盖严锅盖防漏气，关上排气阀，开始点火。当压力上升至 19.61～29.42 千帕（约 0.2～0.3 千克/厘米^2）时，缓慢打开排气阀排出冷气，待压力降至"0"时，再关上排气阀升温。此后温度表及压力表的指针逐渐上升，种瓶在 147.12 千帕（约 1.5 千克/厘米^2）压力下保持 1.5～2 小时；聚乙烯袋在 98.08 千帕（约 1 千克/厘米^2）压力下保持 3～4 小时，即可达到灭菌效果。然后关闭热源，压力自然下降到"0"时，缓慢打开排气阀门，排出水蒸气。利用余热烘烤棉塞，开盖取出菌种瓶（袋）。

2. 常压蒸汽灭菌操作方法 将菌种瓶（袋）叠放在锅、灶内，袋间要留有空隙，使菌袋受热均匀，以利蒸透。入锅后用旺火迅速升温到 100℃，连续加热 12～18 小时。灶内停火后再用余温闷 1 夜，即可达到灭菌的目的。

3. 灭菌过程的注意事项 栽培种瓶（袋）要整筐进锅和出锅，筐上加盖防尘帘，随筐出入。整筐运输，尽量减少运输次数，以减少运输过程中可能产生的污染；运输工具要清洁，凡与种瓶（袋）接触的地方都要用消毒液消毒；出锅后要放入冷却场所冷却，冷却场所使用前要用水清洗，喷清水以沉落空气中的灰尘，有条件时还应用紫外线灯照射 30 分钟。冷却场所清洁消毒后要在地面上铺一层经灭菌的麻袋、布垫或用高锰酸钾溶液浸泡过的塑料薄膜；种瓶（袋）冷却后要尽快接种，防止被污染。

（五）原种接种

原种接种就是试管菌种接入原种培养基的过程。原种接种必须在接种室或接种箱内进行。

第一步，原种培养基从灭菌锅中取出，置于干净的室内冷却，冷却后搬入接种室（箱）内消毒。

第二步，接种室每立方米空间用40%甲醛8～10克加高锰酸钾4～5克，或食用菌专用灭菌剂4～8克，密闭熏蒸30分钟。有条件的可在接种前用紫外线灯照射灭菌。

第三步，接种时，操作人员的手需用75%酒精涂擦消毒，母种试管先用75%酒精棉擦拭消毒，其管口、瓶口和棉塞再在酒精灯火焰上过火消毒。

第四步，接种铲在酒精灯火焰上灼烧消毒，在火焰旁拔出试管和原种料瓶棉塞。接种铲冷却后，伸入母种试管内切取一块有菌丝体的培养基块，迅速放在原种培养料中央，塞好棉塞，用牛皮纸包扎。瓶上贴标签，标明菌种名称及接种日期等。一般1支试管母种可接3～4瓶原种。灭菌的原种培养基不宜久放，最迟在第二天接种用完。接种过程最好在酒精灯火焰区进行，开、封瓶口均要在火焰上灭菌，动作要迅速熟练。最好是两人配合操作，即一人取菌种，另一人拔出和塞好瓶口棉塞及扎口，以提高接种效率。

（六）原种菌丝培养

接种后的原种菌瓶，放入培养室内培养。培养室温度一般控制在25℃左右，空气相对湿度不超过75%。每天定时检查，发现有杂菌感染的瓶子要及时清理出去。定期倒换菌种瓶的位置，使菌丝均匀生长。培养室切忌阳光直射，注意通风换气，室内保持清洁。刚接种的菌瓶，瓶口向上直立放在架上，待菌丝吃料后可卧放重叠，但不要堆叠过高，瓶间要有空隙，以防温度过高造成菌丝衰老，生活力降低。在适宜条件下，原种培养30～35天，菌丝长满培养料瓶，即可供扩大培养栽培种使用。

六、金针菇栽培种制备

（一）栽培种培养基的原料和配方

将原种转接到同一培养基上进行扩大培养，即为栽培种，所以栽培种培养基的原料和配方与原种培养基的相仿。上述提供的金针菇原种培养基配方，不做任何改变均可作为金针菇栽培种配方。

（二）栽培种培养基制作

栽培种培养基制作方法与原种制作方法相同。

栽培种多采用塑料薄膜袋进行培养，塑料袋装量多，价格便宜，易于运输，使用也方便。栽培种用高压锅灭菌时，必须用0.05毫米厚的聚丙烯塑料袋，高压灭菌时不变形。用普通蒸锅常压灭菌时，可选用0.035～0.04毫米厚的高密度聚乙烯塑料袋。袋的规格有两种，一种是宽17厘米、长35厘米的折角袋，装料与扎口方法和原种袋相同；另一种是用宽17厘米的筒料，裁成33～35厘米的段，一端在使用前用塑料绳扎口，装料后再用塑料绳把另一端口扎好，扎绳紧贴料面，绳结外侧留有2厘米的长度，为以后接放的菌种留有余地。

（三）栽培种接种

栽培种接种就是把原种接入栽培种培养料的过程。栽培种接种过程同样按照无菌操作要求，可在接种室、接种帐内进行，注意减少进出次数并增加接种量。原种接入栽培种培养料时，用长柄镊子或接种铲挖取1块大枣大小的原种，放在塑料袋培养料的中央；也可用镊子先将瓶内原种弄碎，然后瓶口对着袋口倒入弄碎的原种，使菌种撒在料面上，塞上棉塞，将塑料袋口包扎好。一般 1 瓶原种可接 30 袋一端封口的袋装栽培种或 60 瓶瓶装栽培种或 12～15 袋两端开口的袋装栽培种。如原种充足，可适当加大接种量，这样菌丝蔓延快，培养时间可相应缩短。

栽培种菌龄是自接种之日开始计算的，不同种类的食用菌栽培种生长速度不同，因此最适菌龄也就不同。但是，无论菌丝长得快慢，均是菌丝长满瓶（袋）后的 7 天内是使用的最佳菌龄。此期正是菌种的青壮年时期，菌丝分布均匀，细胞内营养物质积累充足，生命力旺盛，转接后吃料快。菌种长满后，随着培养时间的延长，菌种逐渐老化，培养基失水，菌种干缩，活力下降。因此，栽培种菌丝长满瓶（袋）后要及时使用。

栽培种的用种量多，对菌袋培养基的覆盖面大，可以控制杂菌污染并有效地缩短发菌时间。但是菌种不能作为培养基使用，栽培种用量多少与产量没有关系，用种量过大还会出现菌袋污染问题。如接种时菌种的菌丝被打断，被堆积在出菇袋内，菌种受伤后呼吸加快，产生很大的热量，分泌出很多的水分，容易引起烧菌、死菌现象，死亡的菌丝被杂菌侵染后又感染新菌袋，造成菌袋报废。另外，菌种的菌龄比新接种的菌丝长 30 多天，容易在菌袋内出菇，影响菌袋的正常发菌。因此，接种时用种量应以覆盖培养料面为宜，不应过量用种。

（四）栽培种菌丝培养

接种后的菌种瓶或一端开口的栽培种袋直立放置在培养架上，不要卧倒叠放，否则菌种块会落在袋壁或瓶壁，影响发菌。两端开口的栽培种袋可堆叠摆放，层数视气温高低而定，气温高于 30℃，叠放 2～3 层；气温在 15℃以下，可叠放 6 层以上。在 22～25℃条件下，一端开口或两端开口的金针菇栽培种，经 25～30 天菌丝即可长透培养料。

七、菌种保藏与贮藏

（一）菌种保藏

菌种保藏的目的在于在较长时间内保持菌种的生存，保持菌种形态、遗传、生理等优良农艺性状的稳定，保持其纯培养状态，免受其他生物的侵染。菌种保藏方法很多，常用的有继代培养低温保藏、液态石蜡覆盖保藏、蒸馏水覆盖低温保藏、超低温冰箱保藏和液氮超低温冻结保藏。

1. 继代培养低温保藏 将菌种放在4～6℃恒温箱中保藏3～6个月，然后重新进行移接，移接后再放回恒温箱内继续保藏。此法是目前普遍采用的方法，其优点是应用的仪器设备简单，操作简便易行；缺点是菌种退化快，较长时间保藏后常出现菌丝生长缓慢甚至不能生长的现象，有的品种还会形成色素。

2. 液态石蜡覆盖保藏 将无菌的液态石蜡覆盖于菌种斜面表面，隔绝菌种的氧气供应，以控制生长，减缓老化，减少变异。此法有时会出现大量分泌色素、菌丝变稀弱、生长不正常等问题。

3. 蒸馏水覆盖低温保藏 将无菌蒸馏水注入需要保藏的斜面菌种内，然后把菌袋（瓶）直立放置于4～6℃恒温箱中保藏。此法常被用作菌种的短期保藏，1年左右需要继代培养1次。

4. 超低温冰箱保藏 此法需要超低温冰箱，温度应控制在 −80～−76℃，可以长期保藏。

5. 液氮超低温冻结保藏 此法是将菌种置于保护剂中，然后降温至 −90℃，将菌种置于液氮容器中长期保藏。

（二）菌种贮藏

菌种贮藏的目的在于防止因污染而减缓菌种的代谢和造成衰老，保持菌种活力和纯培养状态，使之处于随时可用的生理状态，保持菌种的商品质量。菌种贮藏的基本要求如下。

1. 环境卫生 菌种贮藏场所要干燥、洁净，远离石灰厂、水泥厂等大量粉尘发生地，以防粉尘导致的污染。

2. 环境湿度和通风 贮藏场所湿度不可过大，要保持空气流通良好，以带走菌种呼吸而产生的大量水分，使空气相对湿度保持在 6% 以下，以防污染。

3. 避光 光线可加快菌丝老化，刺激子实体形成，从而消耗菌种的大量养分。因此，菌种贮藏时要避光，以避免子实体形成。

4. 适度分散 贮藏期间菌种仍处于代谢状态，其代谢的活跃程度主要取决于贮藏场所的温度。当菌种紧密叠放时，代谢热不能较快地散出，代谢产生的水分也不能及时排出，不利于菌种质量的保持。

5. 减少人员出入 过多的人来人往，易导致贮藏场所温度升高，同时空气流动使空气中的悬浮物增加，易造成污染。因此，菌种贮藏场所要尽量减少人员的出入，除定期定时的菌种贮藏状态检查外，应禁止一切无关人员的出入。

（三）菌种的贮藏时间

当培养基上长满菌丝后，如果金针菇菌种暂时不用，可放置于较低温度条件下贮藏。母种在 4～6℃ 条件下可贮藏 90 天，原种在 4～6℃ 条件下可贮藏 45 天，栽培种在 25℃ 条件下可贮藏 10 天、1～6℃ 条件下可贮藏 45 天。

八、菌种质量控制与鉴别

（一）保证母种质量的关键技术

1. 菌种来源 用于生产母种的菌种来源主要分为两类：一是来自育种者或具有资质的单位；二是自己保藏的菌种。用于生产母种的原始菌种应是生长健壮、无其他生物污染的纯培养物。同时，对其菌种种性应充分了解。

2. 培养基质量保证　培养基是菌种生长的物质基础，培养基的主要成分包括碳源、氮源、矿质元素、微量元素、生长因子等。

3. 接种与培养条件　斜面菌种中只有健壮部分适宜做菌种再扩大繁殖，同时培养条件对菌种质量影响很大，温度、湿度、氧气、二氧化碳和光线等对菌种质量均有较大影响。

4. 接种时的菌龄　菌龄是影响菌种活力的直接因素，菌龄长则活力低，一般要求菌丝长满斜面后1周内使用。

5. 菌种贮藏与运输条件　菌丝长满斜面后，如果暂时不用，可放置于较低温度条件下贮藏，金针菇母种在4～6℃条件下可贮藏90天。邮寄菌种时需要用木箱或足够强度的纸箱包装，内垫防震材料，防止运输过程中玻璃试管破碎。此外，试管头需用纸张包扎，防止棉塞松动或脱落。

（二）保证原种质量的关键技术

（1）规范母种来源，保证原种质量。母种应从具有资质的上一级菌种生产单位购买，这是控制种源质量的关键。

（2）接种量按《食用菌菌种生产技术规程》的要求，1支母种移植扩大原种不应超过6瓶（袋）。

（3）不使用《食用菌菌种生产技术规程》规定以外的容器，各类容器都要使用棉塞或无棉塑料盖，棉塞要使用梳棉，不要使用脱脂棉。

（4）选择合适的培养基配方和适宜的含水量，培养料装填时松紧度要合适。

（5）必须采用高压灭菌，确保灭菌彻底，以保证菌种纯度。

（6）根据金针菇品种的生长特性，培养温度保持在20～24℃，空气相对湿度保持在75%以下，并注意通风避光。

（7）菌龄为菌丝长满瓶（袋）后的1周内使用较好，若暂时不用，可置于适宜的环境条件下贮藏，以延缓菌种衰老，保持菌种活力。

（三）保证栽培种质量的关键技术

（1）栽培种的容器规格关系到灭菌压力、温度和时间，玻璃瓶较塑料袋需要更长的灭菌时间，大袋较小袋需要更长的灭菌时间，为了保证灭菌效果，栽培种的容器一定要符合《食用菌菌种生产技术规程》的规定。

（2）各类容器均应使用棉塞，棉塞采用梳棉，不可使用脱脂棉，也可用符合要求的无棉塑料盖代替棉塞。

（3）若栽培种选用谷粒、粪草培养基需要高压灭菌，不可用常压灭菌。

（4）接种量直接影响到栽培种的生长，特别是会影响菌种的生长速度。接种量过少，导致菌种上部和下部菌龄差距大，表面菌种活力差，不利于栽培使用，同时也增加了萌发时杂菌感染的机会。

（四）菌种质量鉴别

菌种质量鉴别主要是看菌种是否有活力、是否老化、是否被污染和是否有螨害。对于外购的菌种，拿到菌种后首先要看标签上的接种日期，如在正常菌龄内，应将菌龄与外观联系起来判断菌种质量。仔细观察棉塞和整个菌体，查看是否被污染和是否有螨害，最后观察外观，查看是否有活力、是否老化。

1. 是否有活力　优质菌种外观水灵、鲜活、饱满，菌丝生长旺盛、整齐、均匀（蜜环菌除外），这是菌丝细胞生命力强、有较强生长势的表现，是品种种性优良、菌种优质的重要标志；相反，则表明该品种已老化，没有活力，不宜投入生产使用。

2. 是否老化　老化菌种的特征：外观发干，菌丝干瘪，甚至表面出现菌皮或有粉状物，菌体干缩与瓶（袋）壁分离，还可能有黄水。

3. 是否被污染　菌种污染有霉菌污染和细菌污染两种情况。霉菌污染比较易于鉴别，污染菌种的霉菌孢子几乎都是有颜色的，常见的颜色有绿色、灰绿色、黑色、黑褐色、灰色、灰褐色、橘红色等。有时霉菌污染后又被食用菌菌丝盖住，这种情况下仔细观察可以见到浅黄色的拮抗线。细菌污染则较难鉴别，因为细菌污染不像霉菌那样菌落长在表面，而是分散在料内。有细菌污染的菌种外观不够白，甚至灰暗，菌丝纤细、较稀疏、不鲜活、上下色泽不均一，一般上面暗、下面白，打开瓶塞后菇香味很淡。

4. 是否有螨害　在我国南方地区菌种的螨害时常发生。螨害是由于培养场所不洁净，在菌种培养期有螨虫从瓶（袋）口进入咬食菌丝。有螨害的菌种在瓶（袋）内壁可见到微小的颗粒，小得像粉尘一样，菌种表面没有明显的菌膜，培养料常呈裸露状态。肉眼观察不清时可以用放大镜仔细观察。

（五）假、劣菌种

《食用菌菌种管理办法》对假、劣菌种进行了定义。有下列情形之一的判定为假菌种：以非菌种冒充菌种；菌种种类、品种、级别与标签内容不符。有下列情形之一的判定为劣菌种：质量低于国家规定的种用标准；质量低于标签标注指标；菌种过期、变质。从上述定义可以看出，假菌种与劣菌种是有明显区别的，对假菌种的判断是以所生产或销售的菌种是不是所标注的种类、品种或级别，是否存在弄虚作假或张冠李戴现象，是对菌种"本质"的判断。对劣菌种的判断是以所生产或销售的菌种是否达到菌种标准中所规定的菌种质量要求，是对菌种"表现"的判断。

劣质菌种首先表现为外观形态不正常，表面皱缩、不平展、不舒展，长速慢，气生菌丝呈雪花状或粉状凌乱、倒伏，生长势弱，有的是气生菌丝变多或变少或没有。菌丝不是正常白色，而是呈现微黄色、浅褐色或其他色泽，或由鲜亮变暗淡。有的分泌色素、吐黄水。菌体干缩、色泽暗淡、上下菌丝色泽不一致、表面有原基或小菇。

九、菌种标准化生产技术

（一）菌种生产关键技术

食用菌菌种扩大繁殖，一定要严格按照科学的操作规程进行，在无菌条件下接种培养，即称之为"无菌操作技术"。无菌操作是食用菌菌种标准化生产的核心技术，也是食用菌熟料栽培的核心技术。其工艺流程：

培养基灭菌→无菌操作→纯菌丝培养

1. 精选优良品种 为了保证品种优良，生产中要不断引进新菌种，并通过品比试验，筛选出菌丝生长迅速、抗逆性强、出菇早、转潮快、生长周期短、生物学效率高的优良菌种。在每年的菌种生产之前，对选用的当家菌种要做出菇鉴定，可通过实际生产，从菌丝的生长情况和栽培出菇情况进行鉴定。凡是能保持原菌株的性状，或比原菌株性状更优的菌株，均可用来扩大繁殖，应用于生产；性状变劣的菌种应予淘汰。菌种品质优良，可以有效地控制污染，提高产量，所以精选优良品种是金针菇制种的第一道程序。

2. 优选原料，科学配比 制作菌种的原料要新鲜无霉变，适当添加有机氮（如添加 5% ～ 10% 的麦麸等），以增加菌丝活力，促进菌丝生长。菌种培养基中加水量要适宜，料水比以 1 :（1.1 ～ 1.2）为宜。菌种培养基中一般不需要添加多菌灵等杀菌剂。菌种包装物如为塑料，则要选择优质塑料袋，装袋时要防止尖硬的材料扎破菌袋，装好后要轻拿轻放。适宜的培养基和科学配方，可提高菌种质量，促进菌丝迅速生长，减少杂菌污染。

3. 彻底灭菌，及时接种　常压灭菌时，锅内的菌袋不宜摆放太多，袋间要留有空隙，使袋子均匀受热，易于蒸透。高压蒸汽灭菌时要注意排净冷气，同时注意压力不宜升得太高，以免对营养成分破坏较大。经灭菌的菌种瓶、袋要及时接种，若时间过长，杂菌会从瓶口、袋口的缝隙侵入。潮湿的棉塞，出锅后要立即接种更换，否则会引起链孢霉大量发生。如果灭菌不彻底，在接种培养过程中培养基的各处都会长出杂菌，造成制种失败。

4. 适龄接种，无菌操作　选择适龄的菌种，菌丝活力强，接种后萌发快、封面早，能够有效地阻止杂菌侵入。最佳菌龄期，母种以长满培养基表面后 3 天使用为好，原种和栽培种以长满瓶（袋）后 7～10 天使用为好。菌皮过厚的老化菌种应弃之不用。接种空间、接种操作均严格按无菌操作规程进行。

5. 科学管理　保证培养环境清洁卫生。培养菌种前要彻底进行消毒，以减少培养室的杂菌基数。培养室要安装纱门和纱窗，防止昆虫和老鼠入室取食或破损菌袋。培养室要遮光，温度控制在 25℃左右，空气相对湿度控制在 65% 左右，每天清晨开窗进行通风换气。

（二）标准化菌种厂的条件和设施

菌种生产企业必须远离生活区、垃圾场、禽舍、污水沟等，布局设计原则是科学、实用、紧凑、方便。根据菌种生产工艺流程及食用菌的生物学特性来进行布局设计。例如，菌种的灭菌，采用煤、柴为燃料时应尽量远离培养室及试验室，但菌种生产又要求菌种自灭菌工序开始至出厂前以"不见天日"为好，因此在灭菌与培养之间，可巧妙地安排冷却室、接种室。而在灭菌工序前，完全可以根据原材料库房的位置设计操作间和晒场等，但又要求操作间与灭菌室的距离不能过远，否则将有相当多的时间和劳力浪费在运输上，这就是一个实用和方便的问题。总之，应本着上述原则进行合理设计，使布局尽量科学化、规范化及实用化。

菌种厂基础设施：①用于原材料存放的库房。②用于原料晾晒处理、基料的堆集发酵处理、配料及运输车辆临时停靠或进出的水泥硬化场地。③用于制种或小量试验性生产配料、装袋及某些移动机械与工具的临时存放厂房。④用于高压灭菌的灭菌室和常压灭菌的敞棚，以不漏雨、地面洁净为原则。⑤用于冷却、接种的无菌室要求条件较好，相对密封，墙面、地面洁净，易于洗刷消毒，装有配套空气调节设备，并设有缓冲间和更衣间等。⑥用于培养菌种的培养室，要求密封和通风条件均好，安装增温、降温设备和空气调节设备。⑦用于生化试验及分离、鉴定、保藏菌种的实验室，基本要求同培养室，另需处理墙体，达到光滑、洁净、易于冲刷，并设有缓冲间和更衣间等。⑧用于育种试验、出菇试验、综合品种比较试验及原料、配方等栽培试验的出菇场所。⑨配套的水、电设施等。

十、菌种购买

（一）优良栽培菌种的基本特征

1. 生长整齐　同一品种，使用相同的培养基，在相同的条件下培养，生长速度和子实体长相基本相同。

2. 生长速度正常　金针菇不同品种、不同培养基、不同环境条件下菌丝的生长速度不同，但对同一品种，在固定的培养基和培养条件下，有其固定的生长速度，如使用 750 毫升菌种瓶，在 24℃±2℃条件下 30～35 天菌丝应长满瓶。

3. 色泽正常　不同菌种虽然色泽略有差异，但在天然木质纤维培养基上生长时，菌丝体几乎都是白色。如果被其他杂菌污染，从菌种外观可看到污染菌菌落的颜色或有明显的拮抗线。

4. 菌丝丰满　优良的栽培种，其菌丝无论在生长中，还是

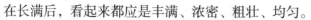
在长满后，看起来都应是丰满、浓密、粗壮、均匀。

5. 菇香味浓郁　正常的栽培种，打开瓶（袋）口，可闻到浓郁的菇香味，如果气味清淡或无香味，则说明菌种有问题，不能使用。

（二）优质菌种的购买

购买优质菌种应做到：一是选择有固定经营场所、信誉好、服务好、经过相关部门批准备案的有菌种生产经营许可证的正规食用菌菌种生产单位。按《食用菌菌种管理办法》的规定，食用菌菌种生产必须经工商部门注册，具有经有关部门专业考核合格后颁发的生产许可证，必须按行业标准或国家标准的相关规定进行生产。菌种生产单位要建立菌种生产档案，载明生产地点、时间、数量、培养基配方、培养条件、菌种来源、操作人、技术负责人、检验记录、菌种流向等内容。因此，购买者应仔细阅读供种者提供菌种的品种说明，说明越详细表明技术水平越高。二是购买者应制定栽培计划，购买原种和栽培种最好提前预订，如果大规模栽培，还应预订后分期取种，这样供种者可根据买方要求的品种类型、需要的时间和数量，有计划地进行生产，以保质保量地按时供应菌种，使菌种在使用期内处于最旺盛状态。同时，卖方也可减少因盲目生产而造成的浪费，避免贮藏对菌种的不良影响和不必要的支出。

食用菌菌种是食用菌生产成败的关键，使用优质菌种会给菇农带来高产量、高收益；如果误用劣质菌种则会给菇农带来严重损失。因此，广大菇农在购买菌种时应注意以下几个方面的问题。

（1）要选择从具有相应资质的供种单位购种。购种的同时应索要相关技术资料，提供详细的品种特性、培养条件和栽培技术要点等资料是供种者的义务。如果供种者不能提供令人满意的技术资料，其资质和菌种质量是值得怀疑的。

（2）购买者应咨询所购菌种的种类、品种、级别，以及培养基种类、接种日期、保藏条件、保质期等，对所购菌种做到心中有数。

（3）对菌种质量的外观进行鉴别，如菌种是否洁白、丰满、粗壮、有无老皮和黄水等老化现象，最好逐瓶（袋）检查。

（三）好种好用

俗话说"好种出好苗"。有了好菌种只是具备了丰收的基本条件，要获得丰收，还必须会用好种，即良种要有良法。生产中要做到以下几点。

（1）计划生产，进行菌种预订，确保使用生命状态处于旺盛期的菌种，不使用老菌种。

（2）购买的菌种，按技术要求运输，不风吹雨淋，不暴晒，不与有毒、有害物混装混运，防止外界有害生物的侵袭。

（3）详细了解品种的特性，扬长避短，正确选用。例如，低温品种适宜秋冬季栽培，如果在春季栽培，则产量低。

十一、菌种退化的原因与防治方法

食用菌菌种是菌丝体的纯培养物，生产中不能直接使用母种播种，而必须将母种扩大培养成原种、栽培种或液体菌种，才能在生产中广泛使用。从科研单位购买的母种，多已转管2～3次，基层菌种厂再转管1次比较稳妥，不宜多次转管。如果菌种厂转管次数过多，则会出现菌丝生长缓慢，或出菇推迟、出菇少，或菇小、质量差，甚至出现不出菇的绝收现象，即所谓的"菌种退化现象"。

（一）菌种退化的原因

菌种退化有内在的遗传因素和外在的人为因素。

1. 内在的遗传因素　一是核基因重组。多数食用菌是双核菌丝体，在长期的双核分裂过程中，2个细胞核之间的遗传物质会发生交换，导致遗传重组，发生变异，影响品种农艺性状和商品性状的表现。二是细胞质遗传基因的变异。食用菌的很多农艺性状，如子实体形成基因一部分位于细胞核上，还有一部分位于细胞质中。

2. 外在的人为因素　影响菌种质量的人为因素有很多，主要是不良的环境条件和错误选择。不良环境条件如高温，可以使菌种活力受显著影响，导致细胞器的解体，从而影响正常的代谢，菌种表现退化；不良的保藏，包括温度和时间的控制等，使菌种活力降低，固有的诸多酶系统不能正常调动和活动起来，久而久之，导致其系统"呆滞"或"失活"，菌种出现退化；错误选择，主要是菌种生产和种源选择，特别是种源的选择，每次的扩大繁殖都会出现变异。只有了解菌种的特性特征，才能从众多的继代培养物中选择较为理想的个体作为种源，才能保证菌种不出现退化。

（二）防治菌种退化的方法

（1）严格控制菌种转管次数。菌种转管次数越多，产生变异的概率越高，菌种发生退化的概率就会越高，生产中应严格控制菌种的转管次数。

（2）扩大培养中使用标准配方和标准培养条件，以便及时发现问题及时补救。淘汰异常或退化个体，防止其作为种源流入生产。

（3）创造菌种生长的良好营养和环境条件，培养中连续观察、严格把关，发现任何异常均要及时淘汰，确保菌种纯正。

（4）定期进行菌丝顶端纯化培养。国家对食用菌菌种虽未实行强制审定，但为了保障农业生产安全，应选择通过国家或省级认定的品种。

（5）严格菌种栽培试验，每年菌种投产前必须做出菇试验，认真观察每个性状，严格性状评价，有效阻止退化菌种作为种源投入批量生产。

（6）为了菌种使用的安全，每年同类参试品种要在2个以上。

十二、菌种生产中的异常现象及防治措施

（一）母种接种后不萌发或发菌不良

1. 培养温度不适宜　正常的菌丝生长温度为18～25℃，培养温度低于12℃，易造成接种块不萌发、萌发迟缓、萌发后生长迟缓。

2. 母种培养基放置时间过长　培养基的含水量为60%～65%时，适宜菌丝生长；若母种培养基放置时间过长，致使培养基表面干枯、萎缩、含水量过低，则易造成接种块不萌发或萌发迟缓。

3. 接种块菌龄过长　接种块菌龄过长，菌丝活力显著下降，致使萌发慢和长势弱。母种的最佳菌龄为菌丝长满斜面后1～7天。

（二）原种、栽培种的接种块萌发不正常

接种块萌发不正常主要表现为两种情况：一是不萌发或萌发缓慢；二是萌发的菌丝纤细无力，扩展缓慢。其主要原因有以下几方面。

1. 培养温度不适宜　菌丝适宜生长温度为18～25℃，培养温度过高或过低均会造成接种块不萌发或萌发迟缓或生长迟缓。

2. 培养基含水量不适宜　适宜菌丝生长的培养基含水量为60%～65%，含水量过高或过低均会对菌丝的生长造成不利影响。培养基含水量过低，接种块干枯，菌丝不萌发；培养基含水

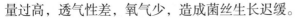

量过高，透气性差，氧气少，造成菌丝生长迟缓。

3. 培养基原料霉变 正处在霉变期的原料含有大量有害物质，这些物质耐热性极强，在高温下不易分解变性，甚至在高压高温灭菌后仍保留其毒性，致使接种菌种不萌发。

4. 灭菌不彻底 灭菌后残存的细菌分散在培养基中，无肉眼可见的菌落，细菌不像霉菌那样有肉眼可见的菌丝或分生孢子。菌丝在有细菌存在的基质中不能正常萌发生长。

5. 接种块菌龄过长 母种和原种菌龄过长，菌丝活力会显著下降，作为菌种使用时萌发和长势均会受到影响。母种的最佳菌龄为长满斜面后 1～7 天，原种、栽培种的最佳菌龄为菌丝长满瓶（袋）后 7～10 天。

（三）原种、栽培种发菌不良

发菌不良的表现多种多样，常见的有生长缓慢、生长过快但菌丝纤细稀疏、生长不均匀、菌丝干瘪不饱满、色泽灰暗等。造成发菌不良的主要原因有以下几方面。

1. 培养室空气流通不够，温湿度过高 培养室温度高、空气湿度大，培养密度大，空气流通不好，影响菌种中氧气的供给，导致菌种生长受阻，造成菌种外观色泽灰暗，干瘪无力。

2. 培养基含水量不适宜 培养料中水分含量过高或过低均会导致发菌不良，特别是含水量过高时，培养料氧气含量显著减少，菌丝长至瓶（袋）中下部后生长缓慢，甚至不再生长；含水量过低则菌丝生长显著减缓。

3. 装料过紧 培养料装得过紧时，透气性不足，不能满足菌丝生长对氧气的需要，袋装的原种和栽培种特别容易发生这种情况。生产中可采取打孔措施，增加培养料的空气供给，具体方法是在无菌条件下用细针在长满菌丝的地方扎一圈透气孔，或松一松绑口绳。

4. 灭菌不彻底 金针菇菌丝在有细菌残存时仍能生长，但常常表现为菌丝纤细稀疏、干瘪不饱满、色泽灰暗，菌丝长满基质后逐渐变得浓密，但用作菌种时易导致批量污染。

5. 培养基中混有有毒有害物质　培养基质中含有松、杉、柏、樟、桉等树种的木屑，或原料贮存不当发生霉变，会显著影响菌丝生长。

6. 培养基酸碱度不适宜　适宜金针菇菌丝生长的pH值为5～6，培养基过酸或过碱均会造成菌丝发菌不良。

（四）灭菌失败的主要原因

1. 培养基的原料性质　不同材料导热性不同，其自然存在的微生物种类和基数不同，致使灭菌所需时间也不同，生产中要根据不同的培养基灵活掌握灭菌时间。常用培养基需要灭菌的时间由短至长依次为木屑、草料（如棉籽壳、玉米芯）、粪草、谷粒，即木屑需时最短、谷粒需时最长。《食用菌菌种生产技术规程》规定，原种生产必须使用高压蒸汽灭菌。从培养基原料的营养成分上看，碳水化合物、脂肪和蛋白质的含量越高，传热性越差，对微生物有一定的保护作用，灭菌时间相对要长，因此添加麦麸、米糠较多的培养基灭菌时间较长。从培养基的自然微生物基数上看，微生物基数越高，需要的灭菌时间越长，因此培养基加水配制均匀后，要及时灭菌，以免其中的微生物大量繁殖而影响灭菌效果。

2. 培养基的含水量和均匀度　水的热传导性能较木屑、粪草、谷粒等固体物质要好得多，如果培养基配制时预湿均匀，吸透水，含水量适宜，灭菌过程中达到灭菌温度所需时间，灭菌容易彻底；相反，培养基中夹杂未浸进水分的"干料"（俗称"夹生"），蒸汽就穿不透干燥处，则达不到彻底灭菌的效果。因此，在培养基配制过程中，谷粒、粪草应充分预湿、浸透或捣碎，以免"夹生"。

3. 培养基的酸碱度　偏酸性的培养基较偏碱性的培养基灭

菌时间短。

4. 容器　玻璃瓶较塑料袋热传导慢，在使用相同培养基、相同灭菌方法时，瓶装菌种灭菌时间要较塑料袋稍长。

5. 灭菌容量　无论是高压灭菌还是常压灭菌，都应随容量的增大而延长灭菌时间。

6. 堆放方式　锅内被灭菌物品的堆放方式对灭菌效果影响显著，生产中应使用固定形状和大小的灭菌筐，将菌袋单层装筐灭菌，这样蒸汽流通均匀畅通，利于保证灭菌效果。

（五）母种污染原因

（1）母种种源带有杂菌。生产中引种时要到正规的菌种供应单位购买。

（2）培养基灭菌不彻底。生产中必须采用高压灭菌，灭菌时要将冷空气排放干净，保证灭菌时间，控制每次灭菌的培养基数量。

（3）灭菌时尽量减少试管内的冷凝水，棉塞应选用梳棉，不能用脱脂棉和化纤棉。

（4）接种时要严格进行无菌操作，接种针、试管口均要用酒精灯灼烧，彻底杀死附着其上的微生物。接种动作应迅速、准确。

（5）母种培养时，应保持环境清洁卫生、干燥和通风。

（六）原种、栽培种污染原因

1. 灭菌不彻底　其特点是污染率高、出现早、污染出现的部位不规则，一般在培养基的上、中、下各部位均可出现杂菌菌落，培养3～5天后即可显现污染。

2. 容器密封不严　尤其是用聚丙烯塑料袋做容器时，经高温灭菌后塑料袋比较脆，在搬运过程中，若遇到一定强度的摩擦，折角处易磨破，形成肉眼不易看到的砂眼，由此而造成局部污染。

3. 接种物带杂菌 其特点是杂菌从菌种块上或附近长出，污染的杂菌种类比较一致，并且出现早，接种 3 ～ 5 天内就可通过肉眼鉴别。如果接种物本身已被污染，扩繁到新的培养基上必然出现成批菌种污染，1 瓶污染的原种可造成 30～50 瓶栽培种污染。

4. 灭菌后冷却过程中感染杂菌 经过灭菌的培养基已经达到了无菌状态，灭菌完毕的培养基放置在不洁净环境中冷却，有可能通过袋口（或瓶口）吸入杂菌。

5. 接种操作污染 其特点是污染分散出现在培养基上表面，较接种物带菌和灭菌不彻底造成的污染发生稍晚，一般接种后 7 天左右出现。主要原因是接种室空气不洁净，种瓶、种袋冷却中有杂菌附在其表面，操作人员违反无菌操作规程，手及接种工具消毒不严格等。

6. 培养环境不洁净及高湿度 其特点是接种后污染率很低，随着培养时间的延长，污染率逐渐增高。大多在接种 10 天以后，甚至培养基表面都已长满菌丝后，才陆续出现污染菌落。这种污染多发生在湿度大、灰尘多、洁净度不够的培养室。

（七）污染菌种的处理措施

制作菌种常有污染杂菌的现象发生。菌种培养期间，原种污染率≤ 5％，栽培种污染率≤ 10％，均属正常现象，去杂后的菌种可按计划利用。如果原种污染率＞ 10％，栽培种污染率＞ 20％，则表示污染率过高。生产实践表明，原种污染率过高时，剩余未发现杂菌的菌种应改变用途，可作为栽培种直接用于生产。栽培种污染率过高时，剩余未发现杂菌的菌种应加大用种量。例如，原来 100 千克培养料只需 20 瓶菌种，现在可增加至 30～40 瓶。如果原种污染率超过 15％，栽培种污染率超过 25％，均不宜作为菌种应用于生产，可直接用其栽培出菇或出耳，或全部报废，将其灭菌后取出培养料，用于食用菌代料栽培。

（八）避免接种操作污染的措施

（1）洁净冷却。冷却室使用前用紫外线灯照射和喷雾相结合的方法消毒，使之高度洁净。灭菌后的种瓶和种袋不能直接放在有尘土的地面上冷却，最好在冷却室地面上铺一层灭菌的麻袋、布垫或用高锰酸钾溶液浸泡过的塑料薄膜。

（2）接种室（箱）及工具使用前必须严格消毒，消毒处理前要将接种物和被接种物都码放好，以杀死容器表面附着的杂菌。

（3）操作人员要穿戴专用衣帽，并定期洗涤，保持高度清洁。操作前用蘸有消毒液的潮湿消毒巾擦拭前襟，以减少灰尘和杂菌孢子沉落。进入接种室前要认真洗手，操作前用消毒剂认真擦拭双手进行消毒。

（4）接种过程要严格进行无菌操作。接种过程中操作人员要少走动，少搬动物品，不说话，动作要小和快，减少空气振动和流动，以减少污染。

（5）在火焰上方接种。接种操作，包括开瓶、取种、接种等操作均应在酒精灯火焰周围区域内完成，不可偏离，两人接种时要密切配合。

（6）接种前要准备充足，接种操作一旦开始，就要批量批次完成，中途不间断，一气呵成。

（7）未经灭菌的物品切勿进入无菌的瓶内或袋内，接种操作时，接种钩、镊子等工具一旦触碰了非无菌物品，如试管外壁、种瓶外壁、操作台面等，绝不可再直接用来取种、接种，必须重新进行火焰灼烧灭菌。

第四章

金针菇栽培设施与设备

一、栽培设施

金针菇栽培设施，有闲置的简易房、半地下式拱棚及人民防空工程、废弃的矿井、山洞等。

金针菇栽培过程分为营养生长和生殖生长两个阶段，两者所要求的温度不同。对于季节性栽培而言，两个阶段的生长可在同一场地进行，称为"一场制"。但为了使栽培袋生长全过程的各阶段均控制在最佳状态下，又可将金针菇栽培场所分为培养室和出菇房，称为"两场制"。"两场制"栽培的优点：一是有利于创造发菌期和出菇期各自的生长发育条件，便于管理，利于高产稳产。二是有利于控制病虫害的发生与发展，保证食品安全。

（一）对设施周围环境的要求

金针菇生产设施周围环境的地势、卫生状况、污染源等综合环境质量，直接影响着金针菇产品的质量，因此对金针菇生产环境有以下要求。

（1）地势平坦，有水源，排水畅通，雨季不积水。

（2）远离扬尘和有害生物滋生场所，如水泥厂、垃圾场、粪便堆放场、各种养殖场等。这是因为扬尘严重的场地会导致菇体不洁，达不到卫生标准；垃圾场、粪便堆放场和养殖场存在多种危害金针菇的霉菌和害虫，特别是螨虫对金针菇菌丝的危害较严重，并且难以控制，增加了金针菇的种植风险。

（3）远离农药用得多的作物栽培场所，防止外源农药的污染。

（4）交通方便，道路畅通。这样一方面便于生产操作，如运送菌袋入棚等；另一方面可保证金针菇采收后能及时运输。

（二）设施建造

建造大棚时应充分考虑金针菇喜阴喜湿、少光好气的特点，各地气候条件不同，栽培季节也不同，生产中要根据当地实际情况设计和建造。原则上要注意如下几点：一是保温保湿和通风性能良好，这就要求墙壁和棚顶要尽量厚，最好为80厘米左右，北方地区冬季早晨温度要达到6℃以上，夏季温度应在22℃以下。二是建造方向要顺应当地栽培季节的主风向，以利于通风换气。要求大棚前、后均有通风口以形成对流，并备好不需要通风时的封闭材料，通风口应安装窗纱防虫。三是棚内、外均要预留吊挂遮阳物的装置。四是大棚面积不可过大，以利于病虫害控制，以 $200 \sim 400$ 米^2 为宜。

1. 简易出菇房 简易出菇房可以利用现有的瓦房、草房、窑洞、地下室等进行改造，也可以新建菇房。菇房必须通风透气和保温保湿性能良好。

（1）砖瓦菇房 菇房要求坐北朝南，长 $7 \sim 10$ 米、宽 $6 \sim 7$ 米，不宜过大。若生产规模较大，菇房要隔断分成若干间，并独立开门，以便于消毒杀菌。屋顶及四周墙壁要光洁坚实，除通风窗外尽量不留缝隙，地面应是水泥地或砖地，以利于清扫和冲洗消毒。南、北两墙每隔 $1.5 \sim 2$ 米开 1 个窗，窗不宜过大，以 50 厘米×50 厘米为宜，以利于控制菇房内的温度、湿度和光照强度。每个窗和门均要安装窗纱、门纱，以防害虫侵入。门和窗应对着过道或床架空当，避免外来风直吹床面。可以在地面铺成床畦进行栽培，也可设床架进行栽培。床架应南北排列，四周不要靠墙，床架间留60厘米左右的过道，床面宽90～100厘米，上、下床间距60厘米，最下层离地约16厘米，以防积水。房顶要开排风筒。菇房还应设有贮水和喷水装置、温湿度监测装置和照明灯等。

（2）水泥瓦草棚菇房　菇房为屋脊式，顶部高3.5～4米，两侧高1.6～1.8米，宽6～8米，长度因地势而定。用竹竿或木棒制作菇房的屋架，在房屋中央直立粗竹竿或水泥柱，高度3.5～4米，相距2米直立1根，在两侧各直立2排立柱，立柱高度依次降低，纵向相距2米直立1根，横向相距1.5～2米直立1根。在顶部纵横交错地捆绑上竹竿，使之成为"人"字形屋架。在菇房顶部盖上水泥瓦，为了防止水泥瓦吸热而使菇房内温度过高，可在水泥瓦下方覆盖一层草帘（草帘用麦秸、稻草制作）或野草隔热。一端开门，门高1.8米、宽1.5米。四周直立排放水泥瓦作为围墙，在水泥瓦无法遮挡部位用草帘围盖，或四周用双层遮阳网围盖。可将几个菇房并排相连形成一个大型菇房，相连接处不设围栏，做一个引水槽将雨水排出室外。此菇房在四川及江浙一带普遍使用。

（3）拱形（或"人"字形）遮阳网菇房　菇房顶部为拱形（或"人"字形），高2.8米，宽6米，长因地势而定。预先制作好立柱和弧形钢筋，立柱为水泥柱，在水泥柱的一端预埋1个螺母；再制作1个上跨度为6米的弧形钢筋，在钢筋两端焊接1个带圆孔的方形钢板，孔径与螺母直径一致。在菇房的两侧相距2米直立水泥柱，水泥柱埋入土中0.8米，形成一排水泥柱，将弧形钢筋放在水泥柱上，两端用螺母固定。在钢筋之间相距50厘米放入用竹竿制作的弧形架，在两侧和中央各横放1根竹竿固定，房屋顶部也可做成"人"字形结构。顶部支架做好后，可在顶部先盖上塑料薄膜，再盖上遮光率95%以上的遮阳网，四周用水泥瓦直立排放作为围墙，或用草帘围盖。若建造一个大面积的菇房，可将几个菇房并排连接，相连接部位不设围栏。此菇房在四川及江浙一带普遍使用。

2. 半地下式菇棚 半地下式菇棚是北方较干燥寒冷地区很好的种菇设施。它既能保证金针菇的正常生长,又节约设施成本,还便于管理。而且这种菇棚造价低、冬暖夏凉、通风良好、保温保湿性能强。半地下式菇棚可两头出菇,比通常的袋栽竖放一头出菇摆袋多,空间利用率高,管理方便,设备投资和管理消耗少,生产成本低,经济效益高,非常适合北方广大农村家庭使用。

棚体可采用土垛或砖垒,棚内宽 7～8 米、长 14～15 米、高 1.8～2.2 米,总面积 100～120 米^2,中间微拱,以利走水。菇棚东西向或南北向均可,挖土前先用大水浇灌,水渗下后待土稍干再挖。下挖 0.5～0.7 米,周边用挖出的土拍夯成墙,墙高 1.3～1.5 米,土墙厚 0.5～0.7 米。围墙若用砖砌,墙厚 0.37 米,里侧抹厚麦秸泥,以利保温保湿。棚内靠一侧垒栽培架,另一侧为 0.8 米宽的过道。架间距 1 米,每隔 1 米垒一砖垛为一档。档内用竹竿或水泥板分层,一般分为 5 层,底层距地面 0.15～0.2 米,层距 0.4 米,每层横向堆放 4 层料袋,面积为 100～120 米^2 的菇棚可装料 5 000 千克。菇棚两侧墙上留有上、下通风口,规格为 0.12 米×0.24 米,前、后墙孔与架间过道成一条直线。棚顶用竹竿结成网络,其上盖塑料薄膜,顶上覆厚秸秆和土,或用绳索固定牢。

3. 防空洞 防空洞多设在地下 3～10 米的地方,受外界气候影响小,温度一般稳定在 16～22℃,比较适合金针菇生长发育。不利因素是湿度大、自然通风不足,因此必须安装通风设备。面积为 1 000 米^2 以上的防空洞,可选用风量为 1 000～1 200 米^3/时的风机;200 米^2 以下的防空洞,在进口和出口处各安装 1 台排风扇即可。另外,可在洞内每隔 3～5 米,安装 1 盏 100 瓦的普通照明灯。防空洞使用前要做好防水堵漏工作,渗水严重的不宜种菇。由于防空洞内长期不见阳光,空气流动小,温暖潮湿,霉菌容易繁殖蔓延,因此在使用前要严格消毒。可用硫黄、敌敌畏熏蒸消毒，也可用 80% 敌敌畏乳油 500 倍液或 80% 多菌灵可湿性粉剂 1 000 倍液喷雾消毒，消毒后通风，排出有毒气体。用防空洞栽培金针菇 1 年不得超过 2 茬，每茬间隔时间应在 2 个月以上，一茬菇生产结束后，彻底清除废料，菇房全面消毒后方可使用。

4. 菇棚内的床架 为充分利用菇房（棚）的空间，可设多层床架，用来铺料或放置菌袋。床架应坚固耐用，常用竹木、水泥或角铁制作，一般为 5～6 层，每层扎上横档，床面铺上细竹条、竹片或秸秆，上面再铺芦席。层距为 55～60 厘米，底层距地面 30 厘米左右，最上层距房顶 1 米左右。床架宽度，单面操作的为 75～80 厘米，双面操作的为 1.5～1.6 米，床架长度依菇房的宽度而定。床架与床架间距 60～70 厘米，以方便行走和操作管理为宜。床架在菇房内的排列应与菇房方位垂直，即东西走向的菇房其床架应排成南北向，南北走向的菇房其床架应排成东西向。窗户应对着床架空当或过道，以免风直吹床面。

（三）设施消毒

1. 出菇棚使用前处理 大棚使用前的处理非常重要，是病虫害综合防治的关键环节。首先要清除杂物，平整土地，需要灌水的，要把水灌透，待水渗下、表面干燥后再进行其他工作。首次用于栽培的大棚，可进行一次灭虫处理，可用 5% 氟虫腈胶悬剂 1 000 倍液喷雾，喷至地面和墙壁潮湿，然后密闭 72 小时，最后在地面撒一薄层生石灰粉即可达到消毒目的。连年使用的菇棚，需要连续灭虫 2 次，2 次灭虫间隔 3 天，除地面撒石灰之外，墙壁也要用石灰浆、波尔多液或石硫合剂喷涂。有条件的可通入蒸汽进行高温高湿杀菌灭虫。

2. 菇棚（房）消毒 在一个周期的栽培结束后和生产前要进行菇棚（房）消毒，杀死栽培环境中的杂菌和害虫，净化栽培环境，可以在整个出菇期不用或少用农药，利于生产安全的食用菌产品。同时，在菌丝生长期和出菇期禁止使用甲醛、硫黄和敌敌畏等药剂进行菇棚（房）消毒。

（1）熏蒸消毒　熏蒸时要求菇房密闭时间不少于 24 小时，熏蒸在 20℃以上条件下进行，可提高灭菌杀虫效果。先在墙壁、地面及床架上浇水预湿，然后进行熏蒸效果更好。

①硫黄熏蒸　硫黄燃烧产生二氧化硫，对杂菌有较强的杀伤力。熏蒸时若增加空气湿度，二氧化硫和空气中的水结合为亚硫酸，能显著增强杀菌效果。方法是每立方米用硫黄粉 15 克，将菇房密封好，再将硫黄粉放在盆钵内加一些木屑，然后点燃密闭熏蒸 24 小时，即可杀死病菌和害螨。

②甲醛、高锰酸钾熏蒸　每立方米用 40% 甲醛 8～10 克、高锰酸钾 4～5 克，将菇房密封好，先将水倒入耐腐蚀的陶瓷或玻璃容器中，再将高锰酸钾倒入容器内，搅拌均匀，然后加入甲醛。加入甲醛后，操作人员迅速离开，关门密闭 24 小时。甲醛杀菌力强，杀虫效果较差。

③敌敌畏熏蒸　敌敌畏有 80% 乳油和 50% 乳油，这两种类型对菇类常见害虫如菇蝇、螨类均有良好防治效果。金针菇子实体对敌敌畏很敏感，在出菇前后应避免使用，以免产生药害。

④硫黄、甲醛、敌敌畏熏蒸　每立方米用硫黄粉 10～12 克、40% 甲醛 8～10 毫升、敌敌畏 1～2 毫升。方法是先密封好菇房，取一只旧铁锅，分别将甲醛、敌敌畏、硫黄倒入锅内，再加入适量木屑与药剂拌匀，操作人员点燃后立即离开，关门密闭 24 小时。

（2）喷雾消毒

①美帕曲星（克霉灵）　用高浓度（0.1%～1%）克霉灵溶液对菇房四壁、立柱、架板喷雾，进行重点消杀；用低浓度（0.02%～0.05%）克霉灵溶液喷雾进行空间杀菌降尘。用克霉灵喷雾消毒可以结合给水加湿反复进行，不会对菇体产生毒害作用。

②漂白粉　用 1 千克漂白粉加水 30 升喷雾，具有较强的杀

菌力。溶液要随用随配，否则会降低杀菌效果。漂白粉有腐蚀性，操作时要注意防护。

③波尔多液　用1%硫酸铜、3%石灰，加水配制成1%波尔多液，每100米^{2}喷用量为25千克。

3. 出菇棚使用后处理　金针菇出菇棚在每一个栽培季节结束后，必须进行消毒和灭菌杀虫处理。

（1）揭棚暴晒　正常情况下，出菇结束后马上将棚内的杂物清扫干净，揭棚暴晒，直到下茬菇入棚前再将菇棚盖好。暴晒的目的：一方面使棚内有害生物随风扩散，从而使种群密度变小；另一方面干燥和紫外线可以杀死霉菌等主要危害金针菇生长的杂菌。

（2）消毒　用石灰水喷洒或涂抹进行消毒，对危害金针菇的多种霉菌具有很好的杀灭和抑制作用，而且属于非化学合成物质，对环境无污染。病害严重的菇棚还可密闭用硫黄熏蒸，一般用量为15克/米^3。

（3）更换表层土　连年栽培多茬金针菇的大棚，地面会有较多的有害生物和有害物质积累，影响下茬金针菇生长，尤其对发酵料半开放栽培的影响更大。更换表土层的方法是挖掉10～15厘米深的表土，更换成干净的新土，对减少下茬金针菇病虫害的发生有显著效果。

（4）杀虫　病虫害发生严重的大棚，清棚前要密闭杀虫。可用5%氟虫腈胶悬剂1000倍液喷雾，每100米^{2}大棚用原药1.5～2克，注意对缝隙、墙角等处的喷洒，保证灭虫无死角。喷药前清理棚内杂物，喷药后密闭3天。必要时可以进行二次灭虫。

4. 床架及用具灭菌杀虫　菇床的竹木架及菇房内的用具往往带有许多病菌和害虫，生产结束后，应先将可拆的竹木架放入水池里浸泡10～15天，然后洗刷干净并放在阳光下暴晒，干燥后再搬进菇房。不能拆洗的部分，可用5%石灰水涂刷，或用3%氢氧化钠溶液洗刷。

二、栽培设备

栽培金针菇除了具备出菇设施外，还需要一些生产设备，主要包括配料设备、装料设备、灭菌设备、接种设备及接种工具等。

（一）配料设备

配料设备包括切片机、粉碎机、搅拌机、拌料机等。

1. 切片机 把木材、树木枝丫切成小片，是木屑培养料粉碎的预前处理设备。

2. 粉碎机 用于木片、秸秆、野草等物料的粉碎，将其粉碎成一定大小的碎屑。

3. 搅拌机 用于将培养料搅拌均匀的机械，以替代人工用铁锹搅拌。

4. 拌料机 多为连续作业型，即在进料口上方设置一水龙头，按进料速度及数量调控水流大小，之后人工进料，连续作业。

（二）装料设备

装料设备有简易式装袋机和冲压式装袋机。

简易式装袋机是利用电动机带动螺旋状轴，将培养料从出料筒中排出并装入塑料袋内。不同大小出料筒的装袋机，适宜不同规格的塑料袋装料，可用于折径为15厘米、17～20厘米的塑料袋装料。装袋机还可更换大小不同的料筒和螺旋状轴。

冲压式装袋机是将培养料压入料筒内，然后进入出料筒内，再利用向下冲压的作用将培养料压入套在出料筒的塑料袋内。此种装袋机还可与拌料机和输送培养料装置连接，进行全流程自动化作业。

（三）灭菌设备

灭菌设备有高压蒸汽灭菌锅和常压蒸汽灭菌设备等。

1. 高压蒸汽灭菌锅 高压蒸汽灭菌锅有手提式、卧式和直立式3种类型，可利用各种热源加热，能耐较高的蒸汽压力，具有灭菌时间短、效果好、能源消耗少等优点。手提式高压灭菌锅，主要用于母种灭菌；卧式电热灭菌器和直立式大型灭菌锅主要用于原种和栽培种灭菌。

2. 常压蒸汽灭菌设备 常压蒸汽灭菌设备一般有灭菌灶、灭菌槽、灭菌包3种，具有容量大、结构简单、成本低廉、可自行建造或组配的优点，适于大批量栽培种或栽培料的灭菌处理。缺点是灭菌时间长，能源消耗大，易发生灭菌不彻底的现象。

灭菌灶、灭菌槽、灭菌包的蒸仓与蒸汽发生装置由一体走向分离，蒸仓容积由恒定变成可变，这些影响热量分布的要素变化必然引起灭菌效果的变化。所以，为保证良好的灭菌效果，必须注意：配置产蒸汽量大的锅炉；在投料量相对不变的情况下，通过观察灭菌效果，形成特定灭菌设施的灭菌时间常数；不能为加快投产速度，盲目增加灭菌料量；保持灭菌槽内菌袋间温度为95～102℃。

（1）**灭菌灶** 灭菌灶是在灶上安放大铁筒或直接在锅台上用水泥、砖和钢筋建造而成。建灭菌灶的地基要用灰土夯实，且地势要高，以防因自重和透水而产生裂缝。灭菌灶下半部分为灶位，用于安放铁锅，灶前设进火口和通风口。灶内直立顶砖支撑锅沿，灶门和灶膛最好用耐火砖。灶台用砖垒实，灶后设烟囱，灶台上四周起24厘米厚墙，围成蒸仓。蒸仓一般为边长2米的正方形，内壁用水泥抹平抹严，以利密闭和蒸汽流通。墙壁一侧开门，门框固定在墙上，框上预留螺栓孔，用以固定活动门。蒸仓高1/3处开1个小孔，放1支温度计，以便掌握蒸仓内温度情况。于锅沿水平位置设一根"Z"形铁管，供补水之用。蒸仓顶端中心插1个细水管，作为排气口。灭菌时，锅体内冷空气和过量蒸汽通过排气口排出。蒸仓内应有分层的蒸屉，供摆放菌袋（瓶）。

（2）**灭菌槽**　灭菌槽是蒸仓与蒸汽发生装置相分离、蒸仓固定的常压灭菌设施。灭菌槽是用水泥与砖砌成的长方形或正方形蒸仓，蒸汽发生装置是常压或高压产汽锅炉，两者用通气管相连。灭菌槽底部高于周围地面且略呈坡形，在地势稍低一端的墙上预埋 ϕ20 毫米或 ϕ13 毫米铁管，作为冷水冷气泄孔；地势稍高的一端预埋带阀门的 ϕ33 毫米铁管，作为蒸汽入孔。槽底用砖平铺成 12 厘米大小的孔道，作为蒸汽通道和存留冷水之用。槽顶不封或半封顶，敞开的地方用塑料薄膜和长方形木板盖严。为便于装料出料，一般是 1 个锅炉带 2 个灭菌槽，轮流使用。通常体积为 3.5 米^3 的槽可容纳 1 吨干料。常压灭菌槽的使用及灭菌效果检查与灭菌灶相同，最好是装袋时埋入耐压温度计探头，表盘固定在适宜位置，以随时观测料温变化。此外，类似灭菌槽的设计还有灭菌室，灭菌室封顶、侧开大门，用多层架铁车装栽培料袋，码放或移动菌袋极为方便。

（3）**灭菌包**　灭菌包是蒸仓与蒸汽发生装置相分离、蒸仓敞开的常压灭菌设施。灭菌包是用塑料薄膜、苫布临时包裹成的蒸仓，蒸汽发生装置是常压或高压产汽锅炉，两者用通气管相连。灭菌包底是用砖与架板在地面上铺成的平台，上面再衬一层塑料编织袋，铺设时留有孔道便于蒸汽流通。灭菌包装填物料时，先把部分菌袋竖着装入大编织袋内，扎住口，一袋一袋沿灭菌包底外沿垛成围墙，然后里面空间再摆放菌袋，最后用塑料薄膜、苫布盖严。苫布四边各用长杆卷起，固定在地面上。灭菌包的四角各预埋一根橡胶软管并自包底引至包外，作为冷气排泄孔。灭菌包的容积以容纳 2 吨干料为宜，体积一般为 4～6 米^3。灭菌包的使用、温度监测及效果检查与灭菌灶相同。

（四）接种设备及工具

接种设备有接种箱、接种净化机、超净工作台等。接种箱多为木制品，两面安装透明玻璃，为人工接种操作专用，适宜投资较小的企业使用。接种净化机是采用高压电极等电子原理研制的新型净化机，开机 10 分钟后即可开始接种操作，适宜企业应用。超净工作台是一种通过空气过滤除掉杂菌孢子，并以微风状态使接种环境自始至终流动无菌空气的接种操作专用设备，多配备于实验室或试验操作，价格较高，适宜大中型菌种企业采用。接种工具主要有接种钩、长柄镊子、酒精灯等。

第五章

金针菇栽培原料与配制

一、栽培主料

金针菇栽培主要原料是指在栽培基质中占数量比重大的营养物质，简称主料。主料是以碳水化合物为主的有机物，为食用菌提供碳素营养，是菇类的主要能量来源和菇体构成成分。

适合栽培金针菇的原料非常广泛，原则上不含有毒有害物质和无特殊异味的农林副产品均可以作为培养料，一些富含木质纤维素的野生材料也可作为培养料。目前，生产中最常用的原料有棉籽壳、玉米芯、锯末、木屑、甘蔗渣、大豆秸、花生藤、花生壳、大豆荚、油菜籽壳、高粱壳、葵花籽壳、废棉、糠醛渣等，其中以棉籽壳和玉米芯应用最广泛。糠醛渣使用前要进行暴晒，杀灭其中的活性生物，消除有害物质。

（一）棉 籽 壳

棉籽壳是棉籽榨油后的副产品，是由籽壳和附在壳表面上的短棉绒，以及少量混杂的破碎棉籽仁组成。优质的棉籽壳灰白色、含绒量不过多、手握时稍有刺扎感、新鲜、干燥、颗粒松散、无霉烂结团。据分析，棉籽壳含有多聚戊糖22%～25%、纤维素37%～39%、木质素29%～32%，碳氮比为（79～85）∶1，具有质量稳定、结构疏松、透气性好、使用方便等特点，是栽培食用菌的最佳原料，配合木屑或玉米芯使用，可达到增加产量、提高品质的目的。

（二）玉 米 芯

玉米芯是玉米穗脱粒后的轴，也是栽培金针菇常用的原料之一。玉米芯资源丰富，是非棉区栽培金针菇较好的原料。玉米芯中含有丰富的蛋白质、糖和纤维素，从生物结构来看海绵组织居多，组织较为疏松，透气性好，但间隙较大，吸水性强，配合棉籽壳或木屑等原料使用，种植产量较高。玉米芯中含可溶性糖较多，极易引起发霉变质，故应存放在通风干燥处，防止雨淋受潮。使用前应先暴晒，然后用机械粉碎成黄豆粒大小，要求无结块、无霉变。玉米芯中氮的含量较低，在配料时应增加麦麸或米糠的用量，以弥补氮量不足。

（三）木 屑

金针菇栽培，一定要选择适合金针菇生长的软质阔叶树种的木屑。购买的木屑有时含有大量树皮，并且颗粒大小不均一。袋式栽培时，由于塑料袋比较薄，木屑太粗很容易刺破菌袋，致使菌袋污染，所以木屑使用前应先过筛。但如果木屑太细，培养料的孔隙度就很小，金针菇菌丝生长减缓，则推迟菌丝长满袋的时间，从而影响菇蕾的分化和菇体发育。因此，在实际栽培中，可选取棉籽壳等其他栽培材料与木屑混合使用。

用木屑作栽培原料时，应堆于室外 30 天以上，经日晒雨淋，使其中的树脂、挥发性油及有害物质完全消失后使用。用针叶树的木屑作为原料时，应在自然条件下堆积发酵 6 个月以上，使松油类物质分解，闻不到松油味后方可作为栽培原料使用。

（四）甘 蔗 渣

甘蔗渣是甘蔗制糖后剩余的废料，含有粗纤维48%、粗蛋白质 1.4%、粗灰分 2.04%，可代替木屑用于栽培金针菇。生产中必须选用新鲜色白、无发酵酸味、无霉变的甘蔗渣，一般应用糖厂刚榨过糖的甘蔗渣并及时晒干，然后放在干燥处备用。没有充分晒干或久积堆放的甘蔗渣，会结块、发黑变质，不宜使用。使用前将甘蔗渣用粉碎机粉碎成麸皮状，然后进行配料。

（五）废　棉

废棉是棉油厂或纺纱厂的下脚料，含有棉短绒、少量棉籽壳、碎棉仁和棉花叶粉末等。废棉营养成分齐全，拌料时先用水浸泡，保湿性较好，但透气性稍差，可与其他栽培主料混合使用。

（六）其他秸秆

大豆秸、花生藤、花生壳、大豆荚、油菜籽壳、高粱壳、葵花籽壳等均可作为金针菇的栽培料，它们的粗纤维和粗蛋白质含量较高，选用新鲜、无霉变、无腐烂的材料，经粉碎处理后才能作为栽培原料使用。

二、栽培辅料

栽培辅料是指栽培基质中配量较少的用于提高氮素含量、改善化学和物理状态的一类物质，简称辅料。常用的栽培辅料分为两类：一是天然有机物质，如麦麸、米糠、玉米粉等。二是化学物质，如石膏、石灰、硫酸镁、过磷酸钙、磷酸二氢钾等。

（一）天然有机物质

1. 米糠和麦麸　可为金针菇生长发育提供所需的氮源、碳源及维生素。生产中应尽量选择新鲜、无霉变的使用，陈旧的麦麸或米糠营养价值低，而且极易滋生螨虫，造成种植失败。

2. 玉米粉　玉米粉含氮量较高，在食用菌栽培中有一定的增产作用。基质中玉米粉的用量一般为 4%～8%，添加时应慎重。高温季节栽培金针菇不添加玉米粉，以免造成杂菌感染。

（二）化学物质

1. 石膏　石膏中的钙离子有助于培养料的脱脂，可增加对氧气和水的吸收，使培养料的物理性状得到改善；石膏可使培养料结构松散，有利于菌丝生长；石膏还可调节培养料的酸碱度和补充钙元素。

2. 石灰　石灰可以减少污染，提高培养料的 pH 值。金针菇适宜生长环境为弱酸性，所以石灰添加量不要过大。

3. 硫酸镁　添加硫酸镁可以补充镁元素，利于细胞生长发育，有减缓菌丝衰老的作用。

4. 磷酸二氢钾　它的主要作用是促进菌丝生长旺盛。

三、栽培料配制

（一）配制原则

1. 碳源与氮源合理搭配　具体组配时，应以棉籽壳配方为依托，根据替换料的营养情况增减含氮辅料。含氮辅料的选用按有机料为主、化学料为辅的原则，化学辅料尽量少用，并注意使用方法。

2. 软硬搭配　一般质地软的料纤维素含量多，质地硬的料木质素多，二者搭配既能解决软质料菌丝生长期菌袋坍塌的问题，又能解决子实体生长期营养供给乏力的问题。

3. 粗细搭配　颗粒小的料透气性差，颗粒大的料透气性好但易失水干结，二者有机结合，即可形成透气、保水、利于菌丝生长的基质。

（二）安全质量要求

金针菇栽培料的安全质量要求包括水、主料、辅料和添加剂4方面。要求使用符合生活饮用水标准的水，工业废水、污水、河水、河塘水均不可使用。在没有自来水的山区，当地的山泉水非常干净，经有关部门检验符合生活饮用水标准时可以使用。主料不可使用桉树、樟树、槐树、苦楝树等含有有害物质树种的木屑；主料和辅料均不能使用产自污染农田的材料。添加剂要尽可能少使用，必须使用时一定要做到不使用成分不明的混合添加剂、植物生长调节剂和抗生素。

按照国家规定，禁用农药有甲胺磷、对硫磷、甲基对硫磷、久效磷、磷胺、甲拌磷、甲基异硫磷、特丁硫磷、甲基硫环磷、治螟磷、内吸磷、克百威、涕灭威、灭线磷、硫环磷、蝇毒磷、地虫硫磷、氯唑磷、苯线磷等。金针菇等食用菌主要作为蔬菜食用，专用农药较少，多年来基本参照蔬菜使用的农药。因此，凡是蔬菜禁用农药不得在食用菌培养基质中使用，这些农药包括治螟磷、内吸磷、杀螟威、甲胺磷、异丙磷、三硫磷、氧化乐果、磷化锌、氰化物、氟乙酰胺、亚砷酸、杀虫脒、氯化乙基汞、醋酸苯汞、氯化苦、五氯酚钠、二氯溴丙烷等。

（三）常用配方

木屑、棉籽壳、废棉、稻草、甘蔗渣、玉米芯、玉米秸、花生壳、豆秸等原料，任用其中一种均可栽培金针菇。但要获得高产优质的栽培效果，则应添加适量麦麸、米糠、石膏、石灰等辅料。金针菇栽培料的常用配方有以下几种。

1. 棉籽壳为主料的配方　①棉籽壳88%，麦麸10%，石灰1%，石膏1%。②棉籽壳78%，麦麸15%，玉米粉5%，石灰1%，石膏1%。此配方较适合9月份栽培。7～8月份栽培时，可不加玉米粉。

2. 玉米芯为主料的配方 ①玉米芯 78%，麦麸 15%，玉米粉 5%，石膏 1%，石灰 1%。②玉米芯 78%，麦麸 20%，糖 1%，石灰 1%。

3. 木屑为主料的配方 ①木屑 72%，米糠或麦麸 25%，蔗糖 1%，石膏 1%，石灰 1%。②木屑 72%，米糠或麦麸 20%，玉米粉 5%，蔗糖 1%，石膏 1%，石灰 1%。

4. 混合料配方 ①棉籽壳 38%，玉米芯 32%，杂木屑 25%，玉米粉 3%，轻质碳酸钙 1.5%，过磷酸钙 0.5%。②棉籽壳 58%，玉米芯 20%，麦麸 20%，石灰 1%，石膏 1%。③杂木屑 39%，玉米芯 39%，米糠或麦麸 20%，轻质碳酸钙 2%。④棉籽壳 62%，杂木屑 10%，麦麸 10%，玉米粉 8%，棉籽饼 6%，糖 1%，过磷酸钙 1%，石膏 1%，石灰 1%。

5. 其他配方 ①废棉 84%，麦麸 10%，玉米粉 3%，石灰 3%。②甘蔗渣 73%，米糠或麦麸 25%，石膏 1%，石灰 1%。③稻草（玉米秸）50%，木屑 21%，麦麸 25%，糖 1%，过磷酸钙 1%，石膏 1%，石灰 1%。④花生壳（豆秸）50%，玉米芯 25%，麸皮 20%，糖 1%，过磷酸钙 1%，石膏 1%，石灰 2%。⑤菌糠（白灵菇、杏鲍菇的废料）60%，新棉籽壳 30%，麦麸 8%，石膏 1%，石灰 1%。

栽培料配方对出菇的早晚、产量和污染的发生有重要影响。配方中麦麸、米糠、玉米粉、糖等添加过多时，发菌虽然加快，但是出菇会推迟，或出畸形菇，严重时甚至不出菇。另外，大多数霉菌生长需要较高的含氮量，但氮源过多，栽培袋的污染率会大大增加。因此，栽培料中提高含氮量的辅料不要添加过多，如以木屑为主料时，添加 20%～25% 的麦麸或米糠即可。棉籽壳的含氮量高于木屑，使用时加入 10%～15% 的麦麸或米糠也足以满足获得高产的养分要求。配方中并非营养越丰富越好，而是以营养均衡为好。

（四）栽培料的含水量

1. 计算方法 栽培料含水量计算公式：

含水量（%）＝（加水量＋栽培料自身含水量）÷（栽培料总重＋加水量）×100%

例如，100 千克栽培料加水 100 升，计算含水量。

含水量（%）＝（100＋13）÷（100＋100）×100%＝56.5%

说明：一般栽培料本身含水量为 10%～13%，本例以含水量 13% 计算，即 100 千克栽培料内含水 13 升，加入 100 升的水后料的总重量为 200 千克，其中水的重量为 113 千克。

为了方便菇农操作，将计算好的栽培料含水量列表对照（表5-1），供参考。

表 5-1 栽培料含水量对照 （以栽培料干料 100 千克、含水量 13% 为例）

加水量（千克）	料水比（料：水）	含水量（%）	加水量（千克）	料水比（料：水）	含水量（%）
75	1：0.75	50.3	115	1：1.15	59.5
80	1：0.8	51.7	120	1：1.2	60.5
85	1：0.85	53	125	1：1.25	61.3
90	1：0.9	54.2	130	1：1.3	62.2
95	1：0.95	55.4	135	1：1.35	63
100	1：1	56.5	140	1：1.4	63.8
105	1：1.05	57.6	145	1：1.45	64.5
110	1：1.1	58.6	150	1：1.5	65.2

2. 测定方法 金针菇栽培料适宜的含水量为 65% 左右，拌料时干料与水分的添加比例为 1：（1.2～1.3）。检测栽培料中含

水量的简单方法：用手握住拌匀的栽培料，手指间无水滴下落，松开后手掌间潮湿，落到地面后料散开，即说明栽培料中的水分适宜。栽培料中的水分偏少，基质中的营养难以吸收和转化，菌丝不易萌发；栽培中的水分偏多，栽培料缺氧，会抑制菌丝生长，同时也易引发杂菌感染，导致发菌失败。另外，在高温季节栽培时，可以适当降低栽培料的含水量，以减少发菌期间的杂菌感染，出菇期可根据情况再适当补水。

第六章
金针菇栽培模式与关键技术

金针菇栽培，分为传统式季节性栽培和工厂化栽培，栽培容器可分为袋式和瓶式。传统的季节性栽培，一般采取袋式栽培，主要是使用聚丙烯塑料袋作为栽培容器。塑料袋价格较低廉，相对于瓶栽来说，第一次投资额较少，便于启动生产，而且操作比较方便，可省去子实体套筒等技术环节，简化了栽培工艺。塑料袋容积大，可装入较充足的培养料，增加出菇潮次，保湿性能好，有较大的出菇空间，更适宜金针菇子实体的形成和生长，只要严格按生产程序进行，其单产可高于瓶式栽培。工厂化栽培金针菇，既可采用袋栽，也可采用瓶栽。瓶栽工艺较复杂，一次性投资较大，而且生产过程中瓶子容易破损，机械设备和能耗成本均较高，但产出的菇体商品性好。

金针菇栽培工艺流程：

菌袋制作→菌袋培养→出菇管理→采收

一、传统式季节性栽培模式

传统式季节性栽培起源于福建的晋江、四川的成都、河北的保定及石家庄一带。栽培品种有黄色品种和白色品种，黄色品种口感优于白色品种，白色品种商品外观好。目前，白色品种以工厂化生产为主，黄色品种以传统自然栽培为主。

（一）菌袋制作

1. 培养料配制　栽培者可根据当地资源条件，选择适宜的培养主料和辅料，然后按照配方的要求比例，准确称量。拌料可采用机械拌料和手工拌料两种方式进行，手工拌料有拌料不均匀的弊端，且劳动强度较大，生产效率低下。因此，栽培者最好购置拌料机，将主料、辅料和水一次性投入拌料机内，充分搅拌 20 分钟后卸料装袋。手工拌料时，应将称好的料放在水泥地面上拌匀，方法是将棉籽壳、木屑等主料在地面堆成小堆，再把麦麸、米糠、石膏等辅料由主料堆的尖部分次撒下，用铁锹反复翻拌，然后将事先溶化好的石灰等辅料和定量的清水分次倒入混合料内，用铁锹反复翻拌，使料水混合均匀。需要注意的是棉籽壳、玉米芯、木屑等最好提前进行预湿，否则手工搅拌时很难让原料在短时间内均匀吸足水分，容易造成灭菌不彻底，轻则会造成细菌隐性污染，重则会造成霉菌污染。

配制培养料时注意：一是严格控制含水量。金针菇培养料的含水量以 60%～65% 为宜，含水量偏高，透气性差，菌丝蔓延速度降低，且易造成杂菌感染和菌丝细弱；含水量过低，菌丝虽洁白，但生物转化率降低。总的原则是气温高时含水量低些，气温低时含水量提高些；料的粒度大时含水量低些，料的粒度小时含水量高些；新料含水量高些，陈料含水量低些。另外，黄色菌株和白色菌株对培养料的含水量要求也略有差别，黄色菌株要求含水量略高，白色菌株要求含水量略低。因此，在拌料时要视培养料的具体情况，灵活掌握用水量。培养料含水量是否合适，通常用感观来测定，方法是用手紧握培养料成团，落地散开，若料不成团，掌上又无水痕，则偏干，应补水并搅拌均匀；用拇指、食指和中指紧捏住培养料可见水迹即为合适，若水成滴滴下，表明太湿，应将料堆摊开，让水分蒸发。二是培养料的酸碱度要适宜。金针菇喜弱酸性环境，适宜的 pH 值为 6 左右。如果培养料酸度大，可加入石灰进行调节。一般培养料经过灭菌后，pH 值会有所下降，因此在配制培养料时，pH 值适当偏高点为好。三是加快拌料装料速度，减少杂菌污染。可在培养料中加入多菌灵等药剂，拌料后及时装料和灭菌。

2. 装袋　耐高温的塑料薄膜袋有两种，即聚丙烯薄膜袋和高密度聚乙烯薄膜袋。聚丙烯薄膜袋无色透明，能耐 150℃ 高温，低温质脆，抗撕裂强度低，装袋时破损率高，灭菌后绳结处不易撑成圆筒状。高密度聚乙烯薄膜袋透明度差，薄雾状，能耐 126℃ 高温，耐低温性强，破损率和变形幅度低，是金针菇菌袋的首选材料。高密度聚乙烯薄膜袋在高压锅内灭菌时，菌袋不要紧贴直接加热的外锅，在 103.46 千帕（约 1.05 千克 / 厘米^2）压力、121℃ 温度条件下能安全使用。

塑料薄膜袋的规格为折径 15～18 厘米、长 33～40 厘米，有折角袋和直筒袋两种类型。采用直筒袋时，装袋前需要用塑料绳把袋筒的一端扎好，绳结外侧膜长 2～2.5 厘米。扎口时，先将筒袋两侧往中间对折再绑绳，这样在装料时塑料袋端面能充分撑开。采用一头接种或木棒种时，用套环封口，采用折角袋；两头接种时采用直筒袋。

装料方式有两种，即手工装料和机械装料。

（1）手工装料　用小铲将培养料装入袋内，边装边压实，待料高接近袋口时，把料面平整，袋料中间用锥形木棒扎通气孔，木棒要插到底，提起袋口在光滑的垫板上蹾几下。垫板的作用是防止在蹾实过程中被沙粒刺破袋底而导致污染。随后一手握住袋口，一手伸入袋内将培养料压实，边压实边转动料袋，然后抽出木棒，料袋内可见成型的预留孔。最后用套环或塑料绳封口，使用塑料绳封口的可预留 2 厘米长的筒膜，便于以后播种和撑开时作套筒用。

（2）机械装料　可采用普通装袋机或冲压式装袋机，除套筒、取袋、绑口外，全部自动完成，基本上可满足金针菇生产的质量要求。机械装料后，也要用手整修压实，装料的地面要求无沙粒杂物，以免扎破袋。

规格为 17 厘米×33 厘米的直筒袋，装料后料袋长 20～22 厘米，折干料重约 450 克。装成的料袋要松紧适宜，不软散、不硬结，密度均匀，长短一致。

3. 灭菌　料袋装好后立即灭菌，拌料、装袋、入锅尽可能在 3 小时内完成，以减少灭菌前微生物自繁量。灭菌彻底是金针菇栽培成功的基础，灭菌可采用常压灭菌和高压灭菌两种方式，常压灭菌是利用土蒸灶进行灭菌，因灶的结构不同，操作方法也不一样，但灭菌原理相同。高压灭菌是在高压蒸汽锅内进行灭菌。

（1）常压灭菌　自然季节栽培金针菇大多数选择低压聚乙烯筒袋进行常压灭菌。常压灭菌设备简单、成本低，只需砌 1 个炉灶，安放 1～2 个大锅，台面用砖和水泥砌成，也可用大铁桶等，体积大小可自行决定，一般不宜过大，一般以装 1 000～1 500 袋为好。设计常压灭菌灶时应注意：大小根据生产规模而定，灶顶部最好制成拱圆形，这样冷凝水可沿灶的内壁流下而不会流入袋内；灶仓内要有层架结构，以便分层装入灭菌物；灶上应安装温度计，可随时观察灶内温度的变化；因灭菌时间长，锅内水不够蒸发，故容量大的灶要安装加水装置；灶仓的密闭程度要尽可能高，这样既可提高灭菌效果，又可节省燃料。菇农在生产当中还常用一种小型蒸汽发生装置，引出蒸汽后直接通到下边用木条垫起、四周用多层塑料布密封的菌袋堆中进行常压灭菌，这种方法不用建灶，简便省工。常压灭菌一般在温度达到 100℃ 后保持 12～18 小时，具体时间因料袋数量而异，料袋在 1 000 袋以下时需保持 12 小时，1 000～1 500 袋时需 13～15 小时，1 500～2 000 袋时需 15～18 小时。灭菌结束后，再闷 1 夜或 12 小时，可增强灭菌效果。灭菌期间，做到"大火攻头，小火保温

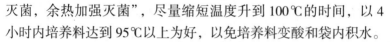
灭菌，余热加强灭菌"，尽量缩短温度升到100℃的时间，以4小时内培养料达到95℃以上为好，以免培养料变酸和袋内积水。

（2）**高压灭菌**　利用高压锅灭菌，需要使用聚丙烯塑料袋。高压灭菌时，当压力上升到49.04千帕（约0.5千克/厘米^2）时排出锅内气体，如此反复进行2次，当压力升至103.46千帕（约1.05千克/厘米^2）时，保持3～4小时进行灭菌。达到灭菌时间后，停止加热，微开排气阀缓慢放气，待压力表指针回到"0"时，打开锅盖，稍冷却后取出料袋。

（3）**影响灭菌效果的因素**

①灭菌温度与灭菌时间　灭菌温度与时间之间呈反比关系，即温度越高，所需灭菌时间越短。此外，灭菌温度与时间对营养成分的破坏程度也有重要影响，灭菌温度越高、时间越长，对培养料营养成分破坏越大。

②灭菌温度与微生物种类和数量　各种微生物对热的抵抗力有很大差别。细菌对热抵抗力较差，但其芽孢较难杀死，细菌营养体在60～70℃即可被杀死，而芽孢能耐受100℃以上高温，少数土壤芽孢杆菌则需高温才能杀死。放线菌、霉菌和酵母菌的孢子在80～90℃经30分钟能被杀死，比较敏感的在70℃经5分钟即死亡。培养基灭菌不彻底多由残存芽孢孢子萌发所致，培养基内芽孢数量越多，所需灭菌温度就越高、时间就越长。因此，在生产中，使用新鲜未霉变的原料，保持环境和用水清洁，缩短配料、装袋时间，立即进行灭菌，可有效地减少培养料活菌基数，提高灭菌效果。

③蒸汽的性质　湿热灭菌法的灭菌效力高，是由于高温时有水分存在，能加速对菌体内蛋白质的凝固。因此，培养料在装瓶、装袋前要充分进行预湿处理，否则隐藏在干燥物料内部的微生物及其芽孢则很难被蒸汽杀死。若灭菌器内的冷空气未排尽，其内部压力与温度不相对应，产生了假性蒸汽压，灭菌器内的温度低于蒸汽压表示的相应温度，致使灭菌不彻底。特别是只装压

力表而没有温度表的灭菌器，要特别注意该问题。

④培养料的物性 含蛋白质丰富和一定浓度的糖类、油脂类的培养基，会增加微生物的耐热性。高浓度的淀粉和有机物附于颗粒周围，形成一层薄膜，会影响热传导。培养料的物理性状也是决定灭菌时间的另一重要因素，培养料颗粒越大，灭菌所需时间越长。这是因为颗粒越大，颗粒间的孔隙度越高，而空气为不良热传导介质，影响湿热空气传导，所以在装袋、装瓶时，培养料要尽量压实，培养料颗粒不要过大。

⑤pH 值 氢离子有加快生命停止的作用，因此在材料和含水量相同的情况下，适宜的酸碱度有利于培养基彻底灭菌。

⑥灭菌器内物体的摆放状况 不论是高压灭菌还是常压灭菌，待灭菌物体的摆放状况直接影响到蒸汽畅通与否和灭菌温度的均衡。因此，灭菌器内袋或瓶之间要留一定空隙。如果是塑料薄膜袋要防止多重叠放和过多、过密，否则受压后易变形，使湿热蒸汽难以穿透，甚至形成升温死角。

4. 冷却 栽培袋经过灭菌后，冷却至30℃以下即可进行接种。冷却环境要求清洁卫生，使用前应进行空间消毒，有条件的可加装降温设施和空气净化装置。

5. 接种 接种要在接种箱、接种罩、接种室内的无菌条件下进行，以有效地控制杂菌侵染，提高成品率。

（1）栽培种质量标准 栽培种以瓶装菌种为好，要求菌丝体浓密、整齐、无杂菌和害虫、没有干瘪和形成子实体，同时要求菌种没有块状物。

（2）消毒处理 栽培种瓶的外壁先用清洁的水洗去灰尘和杂质，再用0.25%新洁尔灭溶液，或0.2%高锰酸钾溶液，或0.1%克霉灵溶液等进行杀菌处理；接种箱或接种室可用气雾消毒剂点燃熏蒸杀菌或喷洒杀菌剂进行除菌处理，使之达到无菌状态，以保证接种时无杂菌感染。接种工具必须在酒精灯火焰上灼烧杀菌，冷却后备用。

（3）**接种方法**　当料袋温度下降到30℃以下后，才能接入菌种，否则菌种会被高温烧死。接种由两人配合操作，点燃酒精灯，在酒精灯火焰无菌区内，一人打开料袋两头的扎口，另一人用灭菌的接种匙从菌种袋（瓶）内取1匙菌种接入料面（挖出瓶口表层老菌种，取下层菌种），然后把袋口扎紧。动作力求迅速，以减少污染机会。为了使当日生产的所有栽培袋都能够同步发育，大幅度缩短培养时间，必须保证整个栽培袋表面都布满菌种，且有部分菌种能够落入栽培袋预留的孔穴中。一般每瓶（袋）菌种接种栽培袋15袋左右。

接菌后的料袋要及时移到发菌室或菇棚床架上进行菌袋培养。

（二）菌袋培养

1. 菌袋摆放　接菌后的料袋，发菌时因气温不同应采取不同的堆码方式，温度高于24℃时，应将菌袋单层摆放在床架上，或先摆放一层菌袋，其上摆放两根竹竿后再摆放一层菌袋，如此一层菌袋一层竹竿地摆放，使上、下两层菌袋隔开，以利于散热降温，也可"井"字形堆码在培养室地面上；温度低于18℃时，将菌袋多层重叠摆放在床架上，关闭门窗进行保温，或横排摆放在地面上，每排重叠6～7层菌袋，每排之间相距10厘米左右，并覆盖塑料薄膜或编织袋进行保温。

2. 菌袋培养的环境条件

（1）**温度**　金针菇菌丝生长的最适温度是20～24℃，在适宜条件下一般36小时即可清楚地看到菌丝萌动，并开始在培养基上渗透生长。培养12天以后，栽培袋释放出热量和二氧化碳。接种后14～18天菌丝发热量最大，20天后菌丝发透，发热量逐渐减少。栽培过程中栽培袋内中心温度会比环境温度高2～3℃。当栽培袋中心温度达到23～25℃时，已达到金针菇生长临界点温度，超过此温度就会发生"烧菌"现象，表现为上半部菌丝发黄。环境温度低于18℃，发菌速度慢，会发生菌丝未发满就出菇的现象，使培养料中的养分不能被充分利用，严重影响产量。为使菌袋上下、里外温度一致，发菌均匀，应每隔10天左右，将床架上、下层及里、外层放置的菌袋调换位置1次。发菌期间，一旦温度超过25℃，要立即通风降温。

（2）**湿度**　发菌期间，菌丝生长繁殖所需要的水分来自培养料，菇棚内不必喷水增湿。发菌场所的空气相对湿度保持在65%～70%，湿度过高时可能会出现红色链孢霉污染，湿度低于60%时则会使接种后的菌种块难以恢复生长，甚至干死。

（3）**光照与通风**　发菌期间，要尽可能地保持暗的环境，并注意适当通风，以保证菌丝生长对氧气及适宜湿度的需要。气温高时，夜间大通风、长通风；气温低时，午间通风。采用封闭式发菌培养，在接种后10～15天内，菌丝生长少，呼吸量小，袋内含氧量一般可以满足菌丝生长的需要。当菌丝长入料内5厘米左右（即过肩）时，需氧量增加，应适当加大通气量，以促进菌丝健壮生长。一般每天通风1次，每次30分钟即可。

（4）**防止杂菌污染**　菌袋培养期间，要定期逐袋检查，发现有杂菌污染，立即进行处理，防止扩散蔓延。

3. 菌袋培养技术要点

（1）**开放**　培养室需要经常进行通风管理，杂菌随着空气的交换而流动，很难保持住培养室的无菌状态。所以，在生产中一方面培养室要经常消毒灭菌，另一方面要通过正确调控温湿度，防止掉落在菌袋上的杂菌萌发，钻入栽培料，造成杂菌污染。

（2）**干燥**　根据菌丝生长特性，培养室的环境宜干不宜湿，因此用杀菌剂进行消毒时，尽量避免喷雾，可在发菌室内撒石灰粉，这样既可起到杀菌杀虫作用，又可调节棚内空气湿度。

（3）**虫害**　菌丝特有的香味对某些害虫具有引诱作用，而且栽培料又是一些害虫的良好繁殖场所。菌袋封口处的塑料皱褶、菌袋破损是造成虫类进入料内的原因，所以消毒的同时要进行灭鼠驱虫。

4. 发菌期的异常现象及预防方法

（1）菌种块不萌发 接种后菌种不萌发，菌丝发黄、枯萎。

①发生原因 菌种存放时间过长，失水老化，生活力弱；栽培料水分过多导致灭菌不彻底；接种时，菌种块受到酒精灯火焰或接种工具的烫伤；遇高温天气，接种和培养环境的温度在30℃以上，菌种受高温伤害等。

②预防方法 使用适龄、水分充足、菌丝活力旺盛的菌种；栽培料应灭菌彻底，灭菌后尽快接种；在高温天气下，安排在早晨或夜间接种，培养室加强通风降温，或适当推迟栽培时间，避免高温伤害；接种时防止烫伤菌丝。

（2）菌种块萌发不吃料 在正常发菌环境下，接种后菌块菌丝萌发良好，色泽绒白，但有时出现迟迟不往料内生长的情况。

①发生原因 培养料含水量过高；使用尿素补充氮源时用量过大；多菌灵抑菌剂添加过量，抑制了菌丝生长；培养料过细，孔隙率低，加上装袋过实，透气性差，含氧量不足；培养料灭菌不彻底，细菌大量繁殖；培养料 pH 值不适宜，菌丝难以生长；菌种质量低劣，生活力衰退，菌丝吃料能力减弱。

②预防方法 用优质的麦麸和米糠补足氮源，在高温期添加量不少于20%，尿素添加量不超过 0.1%，不添加玉米粉。掌握正确的灭菌操作；培养料装袋时，pH 值调整为 7～8；掌握好料与水的比例，培养料含水量，黄色品种控制在65%，白色品种为60%，高温季节酌减，切勿过湿；从有生产资质的菌种供应单位购种，选用菌丝洁白、粗壮、浓密的优质菌种。

（3）菌丝发黄萎缩 接种后 10～15 天，菌丝逐渐发黄、稀疏、萎缩，不能继续往料内生长。

①发生原因 培养室内温度高，通风不好，袋与袋间摆放过紧，影响空气流通，热空气向外散发困难，菌丝受高温伤害；料过湿且压得太实，透气不好，菌丝缺氧；灭菌不彻底，料内嗜热性细菌大量繁殖，争夺营养，抑制菌丝生长；培养室通风不好，

二氧化碳浓度过高。

②预防办法　培养菌丝的温度保持在20℃左右，袋与袋间要略有间距，便于料温发散。高温天气，做好通风降温；掌握好料与水的比例。装袋做到松紧适度，发现料过湿时，可将袋移至通风良好处，菌丝过肩的菌袋可松开绑绳，以通气降湿；培养料常压灭菌，在100℃保持14小时可防止细菌污染现象发生。

（4）发菌后期菌丝生长缓慢，迟迟不满袋

①发生原因　袋内不透气，菌丝缺氧，多见于两头扎口封闭式发菌培养；温度偏低，菌丝生长慢或停止生长。

②预防方法　采用封闭式发菌培养时，当菌丝长入料3～5厘米时，将袋两头的扎绳解开，松动袋口，透入空气，或采用刺孔方法通气补氧；保持适温培养，室内温度不低于18℃。

（5）菌丝未满就出菇

①发生原因　栽培偏晚，菌丝培养温度过低，发菌慢，低温刺激出菇。

②预防方法　适时栽培，低温栽培时要加温培养菌丝，使温度保持在18℃以上。

（6）菌袋料面出现白色絮状气生菌丝

①发生原因　菌袋含水量高，空气湿度大，通风不足，温度高，延长了菌丝营养生长向生殖生长转化的时间。

②预防方法　降低空气湿度，加强通风，温度降至18℃以下。

（7）搔菌3天后不见料面菌丝恢复

①发生原因　催蕾室小环境的空气过于流通，菌袋料面覆盖物未盖严。

②预防方法　集中处理，用冷开水在2天内连续轻喷2～3次，使料面湿润，喷水10分钟后再覆盖，保持覆盖物与料面之间的空气有较高的湿度。

（8）菌袋料面呈黑色潮湿状

①发生原因　直接将生水喷洒于料面；薄膜长时间覆盖料

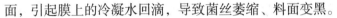

面，引起膜上的冷凝水回滴，导致菌丝萎缩、料面变黑。

②预防方法　用经灭菌的小刀挖去发黑的培养料，重新保湿发菌。

（三）出菇管理

由于培养料配方、发菌温度、接种量不同，菌袋的培养时间也不一致，一般发菌需40～50天，当白色的菌丝吃透整个培养料时，标志发菌培养已结束。在适温条件下，继续培养5～7天，让菌丝充分成熟之后，将菌袋移入出菇棚或菇房内就可进行出菇管理。出菇期分为催蕾期和子实体生长期。

1. 催蕾期

（1）**增湿**　菇棚内增大湿度，可用喷雾器在空间、沟壁、地面喷水，使空气相对湿度保持在80%～90%，创造出菇的首要条件。

（2）**降温**　低温是促成菇蕾形成的重要条件之一，催蕾期时菇棚温度保持在10～12℃。方法是气温高时夜间大通冷风，白天堵严或微开通风口保温；气温低时则相反。温度高于13℃，往往在培养料表面出现大量气生菌丝（白色的棉状物），影响菇蕾的形成。但这种白色棉状物，不要误认为是杂菌而淘汰掉，只要降温，不久后菇蕾就会长出。出菇的前兆是培养料表面出现琥珀色的水珠。

（3）**光照刺激**　催蕾期间要进行微光诱导，可通过微开通风口进光，微弱光线能促进子实体的形成。

（4）**撑口或搔菌**　把菌袋两端的扎绳解开，撑开袋口，即为撑口。撑开口后，用铁丝做成有3～4个齿的手耙，将培养料表面的菌膜搔破，连同老菌种块一起清除，再将培养料表面整平，然后将菌袋袋口挽至料面以上2～3厘米处。为防止搔菌过程带来污染，搔菌的手耙使用前要在酒精灯火焰上灼烧或用75%酒精擦拭消毒。当菇房温度较低时，菌丝恢复较慢，现蕾时间延长。也可先撑开菌袋一端的袋口出菇，该端采摘后扎住口，再撑开另一端出菇。这样，金针菇形成得多，长势健壮，产量高，商品性好。

撑开口时，若棚内湿度能较好保持，就全部撑展；若当时气候干燥，棚内湿度不稳定，也可先半撑开，等菇蕾形成后再全部撑开。

经过上述管理，栽培袋从营养生长转入生殖生长，菇蕾开始慢慢形成，一般经过 5～7 天菇蕾就会密集出现。

2. 子实体生长期 经过催蕾之后，金针菇子实体开始生长，生长过程包括幼菇期、抑菇期、成菇期 3 个阶段。

（1）幼菇期 当菇蕾长满菌袋培养基表面后，分化出菌柄和菌柄先端的圆形小菌盖，形成幼小子实体。最初产生的子实体数量有限，从最初形成的子实体基部会发生侧枝，使子实体数量增加。但也不是所有的原基和分枝形成的子实体都能顺利地生长发育。其中菌柄细弱和发生迟的幼菇因活力差，不能充分伸长成菇，即成为无效菇。此阶段空气相对湿度应保持在 85%～90%，温度保持在 12～20℃，并保持空气新鲜和弱光环境，促进原基分化和分枝发生。

（2）抑菇期 当幼菇高达 2 厘米左右时，通过创造低温、通风和光照条件予以抑制，抑制的目的是抑大促小，因为生长快的子实体受抑制较为明显，从而达到子实体生长整齐的目的。工厂化控制条件下的低温抑制，可人为将温度稳定控制在 5℃左右，之后提高温度进入生育阶段；而自然气候栽培，一般难以准确调控抑制工艺所需的温度，可以通过在夜间气温较低时开窗通风，使培养室温度降至 8～12℃，控制菇柄伸长，达到抑制壮菇的目的。自然气候栽培金针菇，主要通过通风、降湿和调控光照来实现抑菇的目的，当菇体高达 2 厘米左右时，地面停止洒水，空气相对湿度降至 80%～85%，增加亮度，使菇盖、菇柄和料面水分缓慢蒸发，保持 2～3 天，以手触摸菇体没有水分感为准，促进菇柄增粗、菇盖增厚、菇体健壮整齐，并使菇蕾、菇柄基部不再分枝，以减少无效菇，减少菇柄基部的气生菌丝。

（3）**成菇期**　抑菇期结束后，地面适量洒水，保持弱光环境，同时压紧盖在菌袋上的地膜，四周不漏风，使代谢产生的二氧化碳浓度不断提高，促进菇柄伸长，抑制菇盖生长。当菌柄伸长至近袋口，要及时把卷下的塑料袋上端往上提高，一般情况下分2次拉高，当菇体长至10～12厘米时再拉直袋口。值得注意的是，提高后的塑料袋口必须高于子实体5厘米左右，否则子实体长出袋口，菇盖容易开伞，而且菇盖沾上水后容易腐烂或发生细菌性斑点病。这个阶段栽培室的空气相对湿度应保持在85%左右，湿度太大容易发生根腐病。当菇体长至近15厘米时，空气相对湿度应保持在80%左右，这样管理的子实体较为干燥、洁白，菌盖也不易开伞，利于鲜售和贮藏。此阶段，要减少通风，因为较高的二氧化碳浓度可以促进菇柄伸长；尽量保持栽培室黑暗，可使整株子实体色泽浅、有光泽，以增加一级菇和二级菇的比例。

一般来说，金针菇子实体在生长发育过程中，如果没有遇到气温急骤变化，室温只要保持在4～16℃的范围内，子实体就能正常生长，而且可获得高产优质的金针菇产品。

在子实体生长发育过程中，有时会出现在一丛金针菇中，有一至数朵菇长得特别快，不但盖大而且菇柄特别粗壮的现象。当肉眼能明显观察到时，应及时把这几朵菇从菌柄基部拔掉，拔除时尽量避免伤害其他子实体。若不及时拔除，由于这几朵菇的菇盖不断增大、菌柄肥壮，会抑制其他大多数子实体生长，较小的子实体还会出现萎缩，从而影响产量和品质。

3. 出菇管理技术要点　优质商品金针菇为纯白色或黄白色，肉质脆嫩，菌盖小，不开伞或半开伞，菌柄长8～14厘米，直径为0.3～0.6厘米，无茸毛或少茸毛，单株分开不粘连。

（1）**适温出菇**　金针菇出菇的最佳温度为10℃。在适温条件下出菇，子实体生长慢，颜色白，生长整齐，产量高，质量好。超过18℃，则子实体生长迅速，菌盖很快开伞，很难形成理想的商品菇。生产中在出菇时，要注意温度的调节，开袋前几天保持菌丝培养的温度，在适温下促进菌丝充分成熟。开袋现蕾后，降温至5～8℃，保持3～5天，使同批菇蕾的生理成熟保持同步，以利出菇整齐而健壮，培养料中的营养能得到充分吸收利用。在降温时注意：一是要充分配合通风透气，使二氧化碳浓度降至0.05%以下，促使菇蕾大量生长；二是培养料表层不能太湿，应保持相对干燥，防止生理性冻害发生。恢复出菇时所需要的温度，一般保持在10℃左右即可促进子实体的生长。

（2）**湿度管理**　在出菇期间，应有较高的湿度。菇蕾形成期，空气相对湿度保持在85%左右；菌柄长至5厘米时，空气相对湿度保持在85%左右；菌柄长至15厘米以上时，空气相对湿度保持在80%左右。可在每天早上、中午、晚上向空间喷洒雾状水，在棚壁和地面洒水，以提高空气湿度；切勿向袋口菇体直接喷水，防止幼菇碰到水后，基部颜色变成黄棕色至咖啡色，影响金针菇质量。

（3）**光照管理**　子实体伸长期间不需要光照。对于黄金针菇，暗光或无光环境利于形成颜色浅的菇体。

（4）**通风管理**　在子实体生长期间，应根据子实体生长发育的不同情况，分阶段进行通风调节。催蕾阶段以保湿为主，减少通风次数，以增加菇蕾形成的数量；菇蕾形成至幼菇2厘米长时，增加通风次数，加大通风量，且以冷风为好，这样可使出菇整齐、菌盖圆整；在菌柄伸长阶段，应逐渐减少通风量，使菇棚空气中二氧化碳浓度增至0.1%～0.15%，当菌柄长出袋口后，基本不再通风，以利菌柄整齐地伸长，而菌盖发育受到抑制，可获得菌盖小、菌柄细长的商品金针菇。

4. 转潮管理技术要点　黄金针菇一般可以采收3潮菇，白金针菇一般可以采收2潮菇，加强采收后的管理，对于提高下一潮菇的产量和质量十分必要。生产中除按一般常规管理外，还应着重注意以下技术要点。

（1）**清理料面** 第一潮菇采收后，若棚温高于12℃，可彻底清理料面，耙去老菌块和其他杂质；若棚温低于8℃，仅清理掉残余的长菇根，保留料上根须及菌皮。

（2）**保湿增温** 菇体采摘后，由于没有菇体的蒸腾作用，棚内湿度会明显降低，料面清理后极易失水干结，造成出菇困难。因此，应少通风，并加盖塑料薄膜保湿保温，使温度至13～18℃，促使菌丝恢复生长。

（3）**补水** 金针菇第一潮菇产量高，菌袋内水分消耗量大，生产中可根据情况补充水分。白金针菇由于菌丝生长较弱，一般情况下不补水，若菌袋发菌期过长、失水严重，可在棚温12℃左右时，每袋补水50～100毫升。黄金针菇每次采摘后均应补水，补水量可按失水量的80%补充。补水后要加强通风，降低棚内湿度，预防病害发生。对失水不多的菌袋，可在料面连续喷水，直到下潮菇蕾长出，才停止喷水。

5. 出菇期的异常现象及预防方法

（1）**不 现 蕾**

①发生原因 培养料含水量偏低，料面干燥；温度较高，空气干燥，培养料表面出现白色棉状物（气生菌丝），影响菇蕾形成；通风不良，二氧化碳浓度高，光照不足，延缓菌丝的营养生长。

②预防方法 若培养料表面干燥，可喷18～20℃的温水，喷水量不宜过多，喷后以不见水滴为宜；通风降温至10～12℃，喷水增湿，使空气相对湿度提高至80%～85%，防止气生菌丝发生；加强通风，增加弱光光照，诱导菇蕾形成。

（2）**菇蕾发生不整齐**

①发生原因 未搔菌，老菌种块上先形成菇蕾，料面上后形成菇蕾；搔菌后未及时增湿，空气湿度小，料面干燥，影响菌丝恢复生长；袋筒撑开过早，引起料面水分散失。

②预防方法　及时摘去种子菇，通过搔菌，将老菌种块刮掉，同时轻轻划破料面菌膜，减少表面菌丝伤害，有利于菌丝恢复；催蕾阶段做好温、湿、气、光的调节，促使料面菇蕾同步发生；气候干燥时，待料面菇蕾出现后再撑开袋筒，防止料面失水。

（3）袋壁出菇　在袋壁四周不定点出现"侧生菇"。

①发生原因　袋料松，尤其是较为松软的培养料，在培养后期，袋壁与培养料之间出现间隙，一旦生理成熟，在低温和光照诱导下，容易出现"侧生菇"。

②预防方法　装袋时将料装紧压实，且上、下均匀一致，料紧贴袋壁。

（4）料面沿袋壁周边出菇

①发生原因　撑开袋筒过早；发菌时间过长，料面菌丝老化和失水。

②预防方法　适温发菌，缩短发菌时间，减少料面水分蒸发；适时撑开袋筒；发现料面失水，及时给予补水。

（5）菇蕾变色枯死

①发生原因　在诱导出菇阶段，料面的小水珠未能及时蒸发，使菇蕾原基被水珠淹没，窒息而死。

②预防方法　待料面出现细小水珠时，逐渐加大室内的通风量，使这些小水珠尽快蒸发掉。水珠颜色呈淡黄色、清亮时为正常，若呈褐色、浑浊时，则说明已被杂菌感染。

（6）原基过于密集

①发生原因　这是由金针菇发育不同步导致的。为抑制开伞，人们片面提高二氧化碳浓度，过早地将菌袋翻折下的塑料薄膜拉起，或过早地进行套袋，使大部分菇蕾因得不到足够的氧气而窒息。

②预防办法　根据不同的季节和不同的栽培环境，采取不同的通风方法。在抑制阶段要加大室内的通风量，让长得高的菇蕾发白；在春夏季节，雨天要加大室内空气的循环量，使空气相对

湿度保持在 80%～85%，可用垂直升降式电风扇吹风，确保栽培架上每一层的空气均能充分流动。

（7）菇蕾粗细不一

①发生原因　幼蕾抑制失败。

②预防方法　在催蕾过程中要经常疏蕾，将特别粗壮的菇蕾手工拔除。

（8）针头状菇　菇体外观呈胡须状，只长菌柄，不长菌盖，菌柄过于纤细，形似针头。

①发生原因　菇棚内二氧化碳浓度过高，抑制了菌盖的生长，也抑制了菌柄的加粗生长。

②预防方法　加强通风换气，保持菇棚空气清新，降低二氧化碳浓度。

（9）连体菇　菌盖相连，菇柄扁平。

①发生原因　菇房内换气不充分，环境温度高。

②预防方法　降低棚内温度，加强通风管理，保持菇房空气新鲜。

（10）水菇　菇体似水渍状，颜色发暗，半透明，易染病害。

①发生原因　喷水过多，空气湿度高，菇体蒸腾作用减弱，水分滞留在菇体内。

②预防方法　子实体生长期间，适当喷水，及时通风，菇棚空气相对湿度保持在 80% 左右，即以棚顶覆盖的薄膜上有水珠但不滴下为度。

（11）开伞　菌盖还没形成商品菇时就发生开伞。

①发生原因　与品种有关，生育期短的品种常出现这种现象；装料过松、菌丝生长稀松，即使出菇，也易开伞；通风量过大；培养料中的养分供给失常，如袋料中的营养消耗过多，无法满足菇体继续生长的要求，或培养料中含水量不足，造成营养运输困难。

②预防方法　选择合适的品种，装袋时松紧一致，出菇时减

少通风，当袋内水分不足时，可补充水分。

（12）**菌柄基部粘连** 菌柄基部茸毛增生，柄与柄粘连。

①发生原因 提起袋口薄膜抑制菌盖生长时，因薄膜透气性差，袋筒内氧气含量偏低，导致菌柄基部茸毛增多，柄与柄粘连。

②预防方法 子实体生长期间同样需要通风。对于菇房内气流不易通达的角落，袋口薄膜可以分次翻折，即当幼菇长至1～2厘米时，将袋口翻折至袋筒高出料面4～5厘米；当菇柄长至5～6厘米时再全部拉直袋筒，以提高二氧化碳浓度，促使菌柄尽快伸长。

（13）**疲软菇** 子实体不挺直，东倒西歪。通常发生在菌柄中下部，发生后菇体停止生长，最后萎缩死亡。

①发生原因 生长期温度偏高和缺氧，致使子实体正常生理活动受阻，导致组织细胞失去正常的生理功能而坏死。

②预防方法 按照子实体发育的不同阶段，采取催蕾、抑制等科学的管理方法，并要注意通风养菇，使子实体坚实挺直。

（14）**扭曲菇** 表现为菌柄弯曲和扭曲，严重时菌柄似麻花状，失去商品价值。

①发生原因 与品种有关，白色金针菇较常出现；菇房光线多变，光线较亮；菇丛密度过大，影响生长空间。

②预防方法 早期现蕾时若发现菇蕾密度大应进行疏蕾；菇房光源要集中，四周黑暗，顶上吊灯，让子实体向上伸长，不向四周伸长，这样可减少扭曲现象的发生。

二、四川黄金针菇套袋季节性栽培模式

（一）主栽品种及特性

栽培品种多选用白色与黄色品种杂交的黄白色品种，其特性为细柄型、形成的原基密集（参见第二章相关内容）。

（二）适宜栽培季节

四川省金针菇栽培适宜在 9～10 月份生产菌袋，11 月份至翌年 3 月份出菇。

（三）栽培设施

以草棚菇房、水泥瓦菇房、遮阳网菇房等简易菇房为主（参见第四章相关内容）。

（四）培 养 料

目前，四川省栽培金针菇的原料主要为棉籽壳和废棉等，辅料为玉米粉、麦麸等，常采用的培养料配方有以下几种。

配方一：棉籽壳 77%，麦麸或玉米粉 20%，石灰 3%。

配方二：棉籽壳 50%，废棉 30%，麦麸 10%，玉米粉 7%，石灰 3%。

配方三：棉籽壳 50%，蚕豆壳 20%，稻草 10%，麦麸 10%，玉米粉 7%，石灰 3%。

（五）栽培技术要点

1. 塑料袋规格　采取直立出菇方式栽培，塑料袋规格为 17 厘米×33 厘米；采取横卧摆袋出菇方式栽培，塑料袋规格为 22 厘米×42 厘米或 22 厘米×45 厘米。

2. 装袋方法　有手工装袋和机械装袋两种。

（1）**手工装袋**　撑开塑料袋后，抓取培养料放入袋内，边装入边压实，层层压紧，使料柱上下松紧一致。要求料袋松紧度适宜，以手捏有弹性感为好。装料过紧，易出现灭菌不彻底的问题，且菌丝长满袋所需时间长；装料过松，易在袋内形成子实体。

（2）**简易装袋机装袋**　将塑料袋的一端用绳扎好，套在出料筒上，一人右手握着出料筒，左手托着袋底。另一人向料斗内加入培养料，以1铲装1袋的量加料，培养料进入袋内后，逐渐退出料袋，通过调节后退速度来掌握料袋松紧度。

（3）**冲压式装袋机装袋**　将一端袋口已封好的塑料袋套在出料筒上，当培养料被压入袋内后，取下料袋。

装袋后用绳系扎封口或套上颈圈，用棉塞封口。

3. 灭菌　采用常压灭菌（参考本章灭菌的相关内容）。

4. 接种　严格进行无菌操作，在接种箱、接种室或接种罩内无菌条件下进行接种。

5. 培养发菌

（1）**摆放菌袋**　气温高于22℃时，可在培养室地面上呈"井"字形堆码，共堆码5～6层；冬季温度较低时，可将菌袋多层横向重叠摆放，堆码5～6层，关闭门窗进行保温。

（2）**环境条件控制**　黄金针菇培养发菌期间，要做好保温管理，温度控制在23～25℃。若温度低于20℃，菌丝体尚未满袋就会出菇，因此温度要保持在20℃以上。空气相对湿度控制在80%以下，并加强通风换气，防止高温、高湿引起杂菌感染。用绳或橡皮筋环扎袋口培养发菌的，当菌丝体生长到菌袋的1/2时，应在袋口处加上颈圈，并用纸封口，以增加透气性，促使菌丝体生长速度加快，同时为出菇做准备。一般菌丝体长满袋进行出菇管理，黄色金针菇菌丝体在没有长满袋时就有出菇能力，可在菌丝生长到菌袋的1/2时进行出菇管理，以利提早出菇。

6. 催　蕾

（1）**出菇时间与摆袋出菇**　金针菇菌丝体长满袋后，要及时移到菇房内进行出菇管理。黄金针菇在菌丝体长至菌袋的1/2后摆袋出菇，这样可提早出菇，缩短生长周期。将菌袋横向堆码在床架上，去掉封口纸，诱导原基形成；或挖去袋口表层菌种，即进行搔菌处理，这样长出的菇整齐一致。也可将菌袋直立摆放在地面上或床架上进行出菇，直立摆袋长出的菇，无效菇少，生长整齐且挺直，但子实体含水量稍高些。

（2）**环境条件控制**　诱导出菇时，将温度控制在 10～18℃，最适温度为 13～15℃。若温度低于 10℃，菌袋中部易形成子实体，从而降低产量。给予散射光照，使光照强度达 5～50 勒，完全黑暗条件下出菇不整齐。空气相对湿度保持在 80%～90%，湿度偏低时，应在袋口上覆盖塑料薄膜保湿，同时在菇房地面和四周洒水，避免因袋口表层培养基失水而影响子实体形成。当袋口上出现许多子实体时，即进入出菇管理，应将覆盖在菌袋表面的塑料薄膜揭去。

7. 出菇管理

（1）**套袋方法**　当子实体生长整齐，并且高度达到 3～4 厘米、菌盖为球形时，要及时套袋，若温度高于 15℃则要提早套袋。套袋的目的是增加局部二氧化碳浓度和湿度，促使菌柄伸长，抑制菌盖生长。套袋方法：用 20 厘米×30 厘米或 22 厘米×42 厘米规格的塑料袋作套袋，套袋应在开口诱导出菇时进行，先将塑料袋的一端用橡皮筋固定在菌袋口，并卷曲放在袋口上，这样可避免在子实体长出后套袋而损伤幼菇。套袋时将塑料袋拉直成筒状，上端用橡皮筋扎着，可留 1 个直径为 2 厘米的孔，以利于通风换气。

（2）**环境条件控制**

①温度　子实体生长发育期间，温度控制在 5～20℃，最佳温度为 10～13℃，高于 20℃时子实体生长过快。温度低于 10℃时子实体生长缓慢，易在袋内长出子实体，而且袋口上形成的子实体也会向袋内生长，造成袋口出菇减少。因此，在温度偏低时，要减少通风量，并将菌袋重叠堆码，提高袋间温度，避免袋内出菇。

②湿度　子实体生长期间，环境中空气相对湿度控制在 70%～85% 为宜。子实体生长的适宜湿度可通过套袋来满足，使袋内空气相对湿度达到 90%～95%。

③光照　子实体生长期间菇房需要弱光，光照强度控制在

5～50 勒，以能够看清并能进行操作管理为宜。大于 100 勒时，子实体菌盖颜色加深，呈褐黄色；完全黑暗环境下子实体则生长不整齐。

④空气　子实体生长期间，需要较高的二氧化碳浓度来抑制菌盖展开，促进菌柄加长。因此，生产中可通过在金针菇子实体上套塑料袋，提高局部二氧化碳浓度，但要注意将菇房门窗打开，加强通风换气，以保持菇房内空气新鲜。

8. 采收及采后管理

（1）采收标准及方法　当子实体长度达到 18 厘米左右、菌盖尚未展开呈半球形时即可采收，采收时将整丛菇摘下。金针菇采收方式有两种：一是连套袋和菇体一并摘下；二是只采收子实体，保留套袋，即将套袋反卷后放在袋口上，待下一潮菇长出后直接拉直作套袋用。

（2）采后管理　采收一潮菇后，待下一潮菇长出袋口并达到 3～4 厘米时再进行套袋管理，可采收 3～4 潮菇。其中第一、第二潮菇质量最好，多为优质产品，而且产量也主要集中在前两潮菇；第三、第四潮菇的产量较低，品质稍次，其菌柄基部为褐色。

三、浙江白金针菇季节性栽培模式

（一）主栽品种及特性

江山白菇（F21）为当前浙江省自然季节栽培金针菇的主要品种。该品种菌丝在含水量 62%～65% 的培养料内生长最好，培养料含水量低于 55% 时菌丝较稀疏，含水量高于 70% 时菌丝生长缓慢，而且由于袋底部培养基含水量过高，菌丝难以长满料袋。出菇时空气相对湿度以 85%～90% 为最佳。该品种喜富营养培养，培养料内添加适量的玉米粉和黄豆粉，不仅能促进菌丝生长，而且可以提高子实体产量。菌丝体在 pH 值为 4.5～10 的培养基上均能生长，最适 pH 值为 6.5～7.5。菌丝在黑暗环境下生长良好，弱光环境对原基分化和子实体生长有一定的促进作用，光照可抑制金针菇生长发育、抑制菇盖生长，因此光抑制是生产优质白色金针菇的重要措施之一。生产季节安排得当，江山白菇可采收 3 潮菇，一般每袋（装干料 400 克）产量可达 500 克，生物学效率为 120%～130%。

（二）适宜栽培季节

根据金针菇菌丝和子实体发育的适宜温度选择栽培季节。金针菇适宜出菇温度为 5～18℃，浙江省自然季节栽培金针菇应安排在秋末冬初，一般 1 年栽培 1 次。制袋接种时间应掌握在气温为 25℃左右时开始，气温下降到 18℃前完成，过早容易引起高温烧菌；过迟在自然温度下会影响菌种萌发生长，影响发菌速度，从而影响适时出菇。浙江省一般在 9 月下旬（秋分后）至 11 月初（立冬前）接种发菌，11 月份至翌年 3 月份出菇，可采收 3 潮菇。

（三）栽培设施

栽培设施通常有砖瓦菇房和塑料大棚两种。菇房（棚）建造场所需要有清洁水源，四周 50 米内无污染源。建造前应进行消毒处理，使其清洁、通风、遮光、平整。菇房（棚）南北朝向，一般高 2.5～3 米、宽 8～10 米、长 25～40 米，其面积为 200～400 米^2。砖瓦菇房以砖砌墙，房顶盖石棉瓦。塑料大棚多以毛竹为材料搭建菇棚框架，覆盖塑料薄膜后覆盖草帘，棚顶通常再覆盖一层石棉瓦。菇房（棚）两侧间隔 2～3 米，距离地面 50 厘米左右处设 30 厘米×40 厘米的通风窗，窗外挂草帘或遮阳网。菌袋在菇房（棚）地面单层立式摆放，按宽摆放 12～14 袋、长 10 米左右摆放成方阵菌袋，一般每平方米直立摆放 50 袋左右。

在栽培前应对菇房和培养场所及周围环境进行消毒杀虫，以减少病虫害侵染。具体方法：栽培前分别用漂白粉液和浓石灰水喷洒整个菇房和培养场所进行消毒杀菌；用80%敌敌畏乳油500～600倍液喷洒整个菇房和周围环境，杀灭菇场和周围环境中的害虫。

（四）培养料

浙江金针菇栽培多以棉籽壳为主要材料，要求棉籽壳新鲜、棉绒不宜过多，陈料以翻晒后使用为好；以玉米芯为主料时，应先暴晒，再将玉米芯粉碎至蚕豆大小，可添加1/3的木屑。

浙江省的江山市、常山县、开化县等主产区，菇农们使用的培养基配方不尽相同，但近年来均在传统配方的基础上，都通过增加氮素营养来提高产量，取得了较好的成效。

配方一：棉籽壳50%，麦麸15%，米糠5%，玉米粉10%，杂木屑18%，石膏粉1.5%，生石灰0.5%。

配方二：棉籽壳57%，木屑10%，麦麸15%，玉米粉8%，棉籽饼6%，糖1%，过磷酸钙1%，石膏1%，石灰1%。

配方三：棉籽壳61%，木屑10%，麦麸15%，玉米粉8%，大豆粉2%，糖1%，过磷酸钙1%，石膏1%，石灰1%。

（五）栽培技术要点

1. 培养料配制　提前10～12小时将棉籽壳按1:1的料水比预湿，预湿后的棉籽壳不可堆放，根据配方称取过筛的木屑、麦麸、米糠等，混合后拌透拌匀，含水量控制在65%左右，即用手用力握料指缝出2～3滴水。规模化栽培的农户可采用拌料机，不但能提高效率、减轻劳动强度，而且拌料均匀、效果好。金针菇适合偏酸性培养基，pH值以6～6.5为宜，因此培养基中不能随意过多添加石灰，如培养基pH值超过8，会导致菌丝生长不良，影响正常出菇。

2. 装料　栽培袋规格为18厘米×36厘米，装料前必须首先检查塑料袋有无破洞，封口是否牢固。装袋时，下面垫塑料薄膜，一边装培养料，一边用手压实，使培养料紧贴袋壁，料表面光滑，无凹凸不平，以防金针菇子实体从袋壁空隙处长出，而导致培养料表面菇蕾发生数减少。培养料高度控制在12厘米左右，压平料面，每袋装湿料800克左右。将栽培袋上部沿料面折下，紧贴栽培袋外部，用橡皮筋捆绑。也可以用套环封口，用手把袋与套环的接触处压紧，塞上棉花塞。棉花塞松紧要适度，以提起棉花塞料袋不掉下来为宜。整个装料过程要细致，装料后轻拿轻放，避免袋子破损；装料应在配料后4小时内完成，以防培养料酸败变质。

3. 灭菌　料袋装灶（锅）灭菌时，应分层直立摆放，料面朝上，袋压袋叠放，袋间纵向需留有空隙，使蒸汽能够均匀流通。

4. 接种　接种一般在灭菌后的第二天进行。接种前的冷却放置时间不宜过长，以免袋口培养料失水，而影响菌种萌发，并增加污染概率。生产中应选择质量合格的菌种，菌龄以不超过2个月为宜。接种时要严格进行无菌操作，接种动作力求准确迅速。

5. 培养发菌　菌丝培养的关键在于创造适宜的环境条件，促使菌丝健壮生长，菌袋发菌均匀一致。

（1）**培养室准备**　培养室要事先进行打扫并消毒，使之清洁、干燥、遮光、通风，门窗用草帘、遮阳网遮阴。

（2）**菌袋摆放**　采用地面单层立袋摆放发菌，或采用地面底层摆4～5袋，而上层菌袋逐渐减少的梯形方法叠放发菌，叠放2～3层，梯形菌袋堆间留有过道。早期气温比较高时（25℃以上），最好采用地面单层立袋摆放，并使袋与袋之间保持一定的距离，夜间温度低时开启门窗通风降温；后期气温低时，可采用梯形叠放方法，袋与袋紧靠在一起，利用菌丝生长产生的热量，提高菌袋和培养室温度。

（3）**温湿度控制**　培养室温度控制在20～25℃，空气相对湿度控制在65%～70%。每天早、晚开启门窗进行通风换气

1～2小时，保持室内空气清新。若气温较高，可在阴凉、低层的房间进行培养，并使袋与袋之间保留一定的空隙，以利于热气散发，同时打开门窗通风散热。气温低时，应将栽培袋放置在保温性比较好的房间，紧靠在一起叠放，促进袋与袋之间的传热，同时关紧门窗，以提高室内温度。若气温低于10℃，应采取加温培养措施。

（4）**发菌检查**　菌丝培养过程的关键工作之一是菌丝长满培养基表面前的检查。金针菇菌丝生长快，5～6天可长满培养基表面并向培养料中生长，这段时间要细致检查菌丝生长情况，一般于接种后2～3天开始检查。检查时，用手托起培养袋底部仔细查看菌种块周围有无污染其他杂菌，发现杂菌污染的要及时捡出。袋容易扎破，检查时要轻拿轻放，以免菌袋破损。一般经过30～40天的培养，即可开袋催蕾出菇。在整个培养过程中，还要注意防止老鼠和蟑螂危害。

　　6. 催　蕾

（1）**开袋搔菌**　当菌丝长至栽培袋的2/3以上、气温在5～18℃时开袋。开袋前，必须仔细检查菌袋，发现污染的菌袋应隔离处理，不能同时开袋，以免感染健康菌袋。开袋时拉直栽培袋的袋口，在料面上方3～4厘米处或于袋口1/2处向下翻折，袋口要平，袋直立。搔菌时，用匙形工具轻轻刮去气生菌丝和老菌种块，注意不能把培养料刮去，否则菌丝恢复愈合慢，会推迟出菇时间。为了防止杂菌侵染，搔菌工具使用前要在酒精灯火焰上消毒。搔菌过程中，如发现搔菌的栽培袋感染杂菌，搔菌工具必须立即重新清洗并消毒后再使用。搔菌后摆袋于栽培室地面，一般按宽摆放12～14袋、长10米左右摆放成方阵菌袋，随即盖上薄膜，保湿养菌2～3天。菌袋方阵间留操作道，以便操作管理。

（2）**催蕾**　催蕾是金针菇栽培管理中的关键技术，催蕾的技术水平关系到金针菇产量的高低和质量的优劣。

金针菇在 5～20℃范围内均能形成原基，适温为 13～14℃，适温条件下现蕾快、菇蕾数多。温度低于 13℃，现蕾慢；高于 14℃，现蕾快，但菇蕾少；温度超过 18℃，原基和菇蕾容易枯萎。

湿度是金针菇现蕾的决定因素，没有一定的空气湿度，即使在适宜温度条件下，菇蕾也不会发生，因此搔菌后要保持合适的湿度，防止培养基干燥。培养基表面失水干燥，妨碍菌丝再生，不但原基形成困难，长出的子实体参差不齐，而且容易在栽培袋四周形成子实体。搔菌后的空气相对湿度应控制在 85%～90%，具体方法是搔菌后盖膜养菌 2～3 天，待损伤的菌丝恢复生长后，于每天上午和傍晚各喷水 1 次，保持地面湿润，使空气相对湿度提高至 85%～90%，温度保持在 12～15℃。同时，每天早、晚各掀膜 1 次，保持空气新鲜，并给予弱光环境刺激原基形成。4～5 天后，经搔菌的培养基表面逐渐形成一层白色的絮状物，并出现琥珀色的水滴（也称饴滴），这是原基出现的前兆。饴滴出现后，在空气相对湿度保持在 85%～90%、培养基不失水干燥的前提下进行通风换气，方法是每天早、晚掀膜通风 15～30 分钟，注意在掀膜时将膜上水珠抖落在过道上。在保持栽培室弱光的条件下把门或窗轮流打开，让室外的新鲜空气进入栽培室内，防止室内由于氧气不足而影响原基正常发生。饴滴出现 2～3 天后，金针菇培养基表面即开始出现无数小的白色或淡黄色突起，即原基，原基很快就会分化形成菇蕾。在氧气充足的条件下，从出现原基到菇蕾长满培养基表面，一般需 2 天左右时间。

7. 出菇管理　参照四川黄金针菇套袋季节性栽培模式相关内容。

8. 采收　当金针菇菌柄长 ≥ 13 厘米、菌盖呈半球形、菌盖直径 1～1.5 厘米，就可进行采收。采收后将培养基切去，平整地放入框内，置于冷藏室存放。也可带培养基包装，以延长货架期。

四、北方闲置冷库两头出菇栽培模式

金针菇在自然气候条件下，集中安排在冬春寒冷季节栽培出菇，其鲜菇虽然货源充裕，但是销售困难、价格低。利用冷库的低温环境，在高温季节出菇供应市场，一方面是鲜菇价格高，可以获得较高的经济效益；另一方面是可使大量闲置的冷库得以重新利用。冷库栽培金针菇，应抓好设施改造、配方、拌料、出菇管理等环节。

（一）冷库改建

冷库一般南北走向，库门位于南侧或北侧正中，制冷蒸发器位于库门相对的位置或一侧。制冷时库内空气内循环，通过悬吊于库顶的管道把冷气送往库内各角落，与蒸发器紧邻、处于同一水平的是 45 厘米×45 厘米的进风口，相对位置、高度邻近库顶的是同样大小的排风口，风口装有 0.5 千瓦的交流风扇，平时进风口、排风口关闭，保温性能很好。

1. 通风能力 ①与库门相对的墙上增设 2 个排风口，风口距地面 0.8 米，安装 2 千瓦交流风机和保温门，与库门构成同一水平位置下的强大外排气流。②用折径 17～20 厘米优质菇筒构建新冷风风道，每一架间架设一道，高度与垛高持平。风道的底面每隔 0.5 米打直径为 1 厘米的风孔 1 个。每个风道均与引自蒸发器的东西向硬质塑料冷风干道相连。门口挂 60 目防虫纱网。

2. 加湿能力 每库新增电动加压泵 1 台，容量 150 升以上水缸 2 个。加压泵出水口与喷雾橡胶软管连接，进水口通过软管插入水缸。2 个水缸，一个盛放新井水，一个盛放 1% 石灰水。

3. 搭菌袋架 架间距 1 米左右，最好利用原有箱架支撑。2 根直径 7 厘米以上长竹竿并列（间距 5 厘米）作为架立柱，每 1.2～1.5 米设 2 根立柱。立柱两侧绑缚由细竹竿做成的架层平面，架层间距 40 厘米，架之间及架与墙体之间设拉杆，以防架倒。

4. 增设光源 光源沿架间架设，每 5 米安装 25 瓦白炽灯 1 盏，注意用防潮电线和防潮灯口。

（二）培养料配制与灭菌接种

1. 培养料配方 棉籽壳 100 千克，麦麸 20 千克，石膏 1 千克，石灰 2～4 千克，50% 多菌灵可湿性粉剂 100 克，水 110～120 升。配方特点是水少、辅料少，增加了菌袋透气性。

2. 培养料配制 按配方拌好栽培料，摊成高 40～50 厘米的堆，堆上遍扎到底的透气孔，料堆的上方悬吊遮阳网。培养料堆放 24～36 小时，期间要翻 1 次堆。

3. 装袋 采用厚袋装，争取一次性出菇。袋宽 17 厘米，厚 0.045 毫米以上，装料高度为 17～19 厘米，每袋装干料 400 克。料紧贴袋壁，料面压实，防止上部料松失水。扎口紧贴料面，捆绑要紧。装袋的场地要无沙粒，运袋的器物应铺一层编织袋。

4. 灭菌 要常灭菌，控温冷却。菌袋应稀疏摆放，便于蒸汽流通。灭菌灶宜采用灭菌室，并配备灭菌用铁车，菌袋摆放在铁车层架上。常压蒸汽灭菌，在 100℃ 条件下保持 14 小时以上。灭菌后的料袋，当表面温度晾至 50℃ 左右时，移入冷库冷却，菌袋稀疏地摆在库内地面及架层上，切勿堆积，温度控制在 22℃ 左右。

5. 接种 接种点要深，菌种要散，遍布料端面。接种场所设在库内，接种于封闭严密的接种箱内严格按无菌操作进行，两人配合，一人解扎口，另一人放种。放种的人先把菌种搅散，再用接种勺接到料袋中间，另一人随即用杆长 6 厘米、粗 0.8 厘米的无菌改锥对准菌种猛戳，形成一个透气洞，菌种也可能被带入洞中。然后，"一晃"，把菌种堆抖散；"一压"，束口时两掌轻压菌种使之贴于料面。最后扎紧口，移到培养架上。

（三）发菌管理

1. 控温发菌　库顶最高处温度低于 22℃，让菌丝在适温环境下生长。

2. 定时通风　每天早、晚各通风 1 次，每次 30 分钟。

3. 定期检查清理，及时处理污染和被害菌袋　库内每周用敌敌畏、克霉灵和多菌灵药剂喷雾，消毒杀虫 1 次。

4. 控湿避光　空气相对湿度控制在 60%～65%，非操作管理时关闭光源。

（四）出菇管理

1. 降温　将库内温度由菌丝生长期的 20～22℃降至 13～16℃，2～3 天后菌袋冷透后转入下一步管理。

2. 杀虫　用 80% 敌敌畏乳油 500～1 000 倍液，自上而下进行空间喷雾，每立方米空间用药量为 2～4 克。再把浸透原液的药条悬挂在通风口、门口处，以杀灭库内菇蝇、菇蚊、跳虫和螨类，防止开口后虫传病害。闷库 10 小时后转入下一步管理。

3. 杀菌加湿　用克霉灵 2 000 倍液自上而下进行空间喷雾，每次每 100 米³ 空间用药剂 3～5 小袋，药液以喷湿菌袋、架板为宜。如发菌期间杂菌较多，初始的 2～3 天内，每天均用克霉灵溶液进行喷雾加湿，若湿度还不够，再用井水补喷，使库内空气相对湿度稳定在 85% 即可开袋。以后每隔 3～5 天喷 1 次克霉灵药液保持无菌环境。此阶段每天通风 3～4 次，保持空气新鲜。

4. 解绳撑袋　如库内湿度不够或近风口干燥处，可将袋口撑起一半，待湿度稳定后再全部撑开。解口后，若端面被绿霉污染需再绑住，让未污染的端面出菇。若端面被粉红色面孢霉污染，需扎紧两端袋口将之远弃，并用克霉灵 500 倍液自上而下喷淋周围菌袋。解绳撑袋后库温随即降至 12～15℃，进入催蕾期。

5. 催蕾期 恒湿（空气相对湿度 85%）和空气清新是诱导菇蕾形成的环境条件。由于冷库结构和通风能力不同，通风时间长短也不一样，短通风则 1 次 15 分钟，长通风则 1 次 30 分钟。长时间通风对湿度影响大，可在进风管道加雾化效果好的水嘴，微电机带动与通风或制冷能同步运行。但加湿后降到地面的水中含有大量二氧化碳，最好能将之排出库。此阶段湿度恒定易形成菇蕾，空气新鲜能使原基不粘连且粗壮，每天开灯约 8 小时，微光利于诱导原基形成和增加原基数量。经过 10～12 天，培养料表面出现琥珀色的水珠；随之，米白色的原基就会整齐地出现在培养料表面。

现蕾异常表现：①不现蕾。发生原因：培养料含水量低；温度较高，培养料表面出现气生菌丝；通风不良；光照不足。预防方法：往料面喷与库温相同且用克霉灵净化的水，喷后以不见水滴为宜；降温增湿；增加弱光光照，诱导菇蕾形成。②菇菌发生不整齐。发生原因：开口前加湿不足，料面失水；端面发生虫害（不多见）。预防方法：端面喷雾增湿；去掉极早形成的种子菇。③袋壁出菇。发生原因：料袋松；端面失水过多。预防方法：装料压实，使料紧贴袋壁。

6. 抑制期 当库内 80% 的菌袋现蕾、幼菇长至 1～2 厘米时，将库温降至 4～6℃。增加通风量和库内循环风量，使子实体受到抑制，延缓生长，以求同步，同时使幼菇变得粗壮敦实。此期是增加菇体重量，提高商品性的关键时期。此期空气相对湿度保持在 85% 左右，可有弱光存在，时间为 5～7 天。

抑制阶段异常表现：①菇体参差不齐。发生原因：抑制操作迟缓或温度不够低。解决方法：迅速降温，加大风量，拔除过长的种菇。②菇体过细过密。发生原因：催蕾期和抑制期通风不足，尤其是内循环低温风量不足。解决方法：延长抑制期，增加通风量。

7. 伸长期 此期重点是防止二氧化碳过度积累。每天通风 4～6 次，每次 10～30 分钟，在菇柄粗壮的前提下促使菌柄迅速伸长生长。此时库温保持在 10～12℃，空气相对湿度保持在 85%～90%，经 15 天后，菌盖直径为 0.8～1.3 厘米、菌柄长 ≥ 12 厘米，即进入采收期。

五、工厂化袋栽金针菇栽培模式

食用菌工厂化栽培，就是采用工业化的技术手段，在相对可控的环境条件下组织高效率的机械化、自动化作业，实现食用菌规模化、集约化、标准化、周年化生产。

在所有食用菌品种中，最适合进行工厂化周年栽培的是金针菇、杏鲍菇、蟹味菇等菇种，尤其是夏季栽培，保鲜上市，能获得更高的经济效益。

（一）企业选址

厂址应选择当地企业较少，人流量比较集中的城镇附近。生产区域应远离工矿区污染源、交通主干道、医院、垃圾场、受污染的河塘等。水源水质符合生活饮用水卫生要求。厂区内外保持良好的土壤生态环境，生产区与生活区分隔开。

（二）企业布局

1. 原料存贮区

（1）**室外料场**　用于原料的喷淋、翻堆、发酵等。一般位于厂区的下风口，水泥地面，排水系统完善。

（2）**室内仓库**　用于存放棉籽壳、玉米芯等主要原料，以及麦麸、石灰等辅料。地面应做防潮处理，一般为双门原料仓库，后门进、前门出，防止出现陈料。

2. 拌料装料区

（1）**拌料区**　将不同组分的原料放入搅拌桶内搅拌，根据生产规模采取多种形式，可在室内进行，也可在室外进行。

（2）**装料区**　将搅拌好的栽培料通过装料系统装入栽培容器。

3. 灭菌功能区　将装好料的栽培袋（瓶）进行灭菌。灭菌区与装料区应分隔开。

4. 冷却功能区　将灭菌后的栽培袋（瓶）冷却至常温，冷却过程在净化空气条件下进行。

5. 制种功能区　用于菌种生产。培养好的菌种经预处理后，通过传递窗进入接种区，供生产使用。

6. 接种功能区　净化车间用来进行菌种接种。接种区域环境空气净化度决定污染率的高低。

7. 发菌培养室　用于菌袋（瓶）培养。接种后的栽培袋（瓶），放在周转筐内，使用叉车或"天桥"传送带送到培养室。

8. 出菇室　将生理成熟的菌袋（瓶）进行出菇管理。

9. 包装车间　采收后的金针菇先进入预冷间快速预冷，再进行包装。包装车间要尽量靠近出菇室，以减少运输过程中温差刺激而导致品质下降。

10. 成品仓库　用于存放包装好的商品。

11. 下脚料处理区　用于存放生产过程中的各种下脚料及出菇后的菌袋。

每个区域各自独立，合理衔接，防止生产环节之间及对周围环境产生交叉污染。

（三）主要栽培设备及设施

1. 配料搅拌设备　目前，国内多采用半沉式搅拌机、全沉式搅拌机、地面立式三级搅拌机。送料方式主要是液压翻斗车送料、铲车送料、传送带送料等。

2. 装料设备　工厂化栽培金针菇的容器有塑料瓶、聚丙烯塑料薄膜袋、低压聚乙烯塑料薄膜袋。栽培料搅拌后进入装料工序，装料采用与栽培容器相配套的装料设备。生产企业无论大小，装料工艺基本相同，不同的是所配置的机械大小、功率等。

3. 灭菌锅 有圆形单门高压灭菌锅、圆形双门高压灭菌锅、方形双门高压灭菌锅、脉动式真空高压蒸汽灭菌器。

4. 灭菌小车 有单筐灭菌小车、宽灭菌小车、活动隔层灭菌小车。将栽培袋（瓶）放到灭菌小车内灭菌，保证灭菌时气流顺畅、灭菌彻底，同时可防止栽培袋（瓶）挤压变形。

5. 冷却室 包括缓冲道、一冷间、二冷间。缓冲道位于接近密闭的环境内，是高压灭菌锅和冷却间之间的衔接过道，在侧墙上安装空气净化器。一冷间的面积根据日计划栽培数量而定，采用过滤空气对栽培袋（瓶）进行冷却。二冷间采用冷风循环风机，快速制冷降温。

6. 接种室 接种室包括更衣室、风淋间、净化间等。在更衣室内工作人员更换鞋子、脱掉外衣、穿专用连体工作服（存放在装有高效层流罩的衣柜内），将手冲洗烘干后进入风淋间。风淋间是人员进入净化间的过道，人员进入车间时强劲的洁净空气由可旋转的喷嘴从各个方向喷射至人身上，有效而迅速地清除附着在衣服上的灰尘、头发、皮屑等杂物，以减少人员进出洁净室所带来的污染问题。净化间是接种人员操作的场所，应尽量保证其环境在千级的最低要求，可通过空调净化箱来实现。

7. 冷库房 目前多采用钢板和聚氨酯或聚苯乙烯钢夹心保温板作为冷库房的墙体。冷库房面积应根据生产规模大小建造，单库房容积应根据栽培袋存放数量来定。菇房应排列于冷库中间走廊两侧，各间菇房相对独立，房门开向走廊，走廊自然形成缓冲间。菇房要求封闭性、隔热性及节能性好，有利于控温、控湿、通风、光照和防控病虫害。单间菇房大小一般以 10 米×6 米×4.5 米为宜，栽培架 7～8 层，中间床架宽 1.2 米，边床架宽 0.9 米，层间距 40～45 厘米，顶床距库房顶 1 米以上，床间过道宽 0.7 米。按冷库标准要求进行建造，制冷设备与菇房大小相匹配，配置制冷机及制冷系统、冷风机及通风系统和自动控制系统；每层床架均安装充足的照明灯；应有健全的消防安全设施，备足消防器材；排水系统畅通，地面平整。所用建筑材料、构件制品及配套设备、机具等，不应对环境和金针菇产品造成污染。

（四）栽培管理技术

1. 品种选择、菌种生产及质量要求　按照《食用菌菌种管理办法》有关要求，选用适宜工厂化生产、发菌及出菇快、抗病抗逆性强、优质、高产、商品性好、保鲜期长、经省级以上农作物品种审定委员会登记的品种，从具有相应资质的供种单位引种，可以清楚地追溯菌种的来源。使用转基因技术培育成的金针菇菌种，应按照国务院《农业转基因生物安全管理条例》中有关规定执行。不使用受到病虫杂菌危害、老化或未长满的菌种。金针菇母种要求菌丝健壮、整齐、生长旺盛、粉孢子少、菌落均匀，在适温条件下 10 天左右菌丝长满斜面；原种要求菌丝粗壮、洁白、有浓密的细粉状菌丝，培养后期基质表面可出现少量呈丛的白色或黄色子实体原基；栽培种要求生命力强，不带病、虫和杂菌，菌龄适宜，无老化现象。

2. 原料与辅料　工厂化栽培金针菇可利用的原料有棉籽壳、玉米芯、玉米秸、花生茎蔓、棉秆、豆秸、甘蔗渣、阔叶树木屑、麦麸、玉米粉、大米糠等。要求干燥、纯净、无霉、无虫、无有害污染物和残留物，防止有毒有害物质混入。用秸秆作金针菇栽培原料的，作物在收获前 1 个月不能施高残留农药。新鲜棉秆粉和木屑需经发酵后使用。玉米秸等在使用前需经日光暴晒 2～3 天，然后粉碎、过筛。

生产用水包括培养料配制用水和出菇管理用水，可用清洁的自来水、泉水、井水、湖水等。喷水时不能随意加药剂、肥料或成分不明的物质。

栽培基质中不得随意或超量加入化学添加剂，可选用的添加剂主要有尿素、碳酸氢铵、硫酸铵、过磷酸钙、磷酸二氢钾、石膏粉、轻质碳酸钙等，不允许添加含有植物生长调节剂或成分不明的混合型添加剂。

3. 培养料配方 金针菇工厂化生产培养料宜选用以下配方。

配方一：阔叶树木屑 48%，玉米芯粉 20%，麦麸 25%，玉米粉 5%，硫酸钙 1%，碳酸钙 1%。

配方二：玉米芯粉 45%，棉籽壳 30%，麦麸 18%，大米糠 5%，硫酸钙 1%，碳酸钙 1%。

配方三：玉米秸粉 45%，花生茎蔓粉 25%，麦麸 20%，玉米粉 5%，豆粕粉 4%，硫酸钙 1%。

配方四：棉籽壳 70%，麦麸 20%，玉米粉 8%，石膏粉 1%，蔗糖 1%。

配方五：棉籽壳 30%，玉米芯 20%，阔叶树木屑 12%，麦麸 25%，玉米粉 8%，轻质碳酸钙 2%，石膏粉 1.5%，过磷酸钙 1.5%。

配方六：棉秆粉 55%，玉米芯粉 20%，麦麸 20%，玉米粉 3%，石膏粉 1%，轻质碳酸钙 1%。

以上配方的 pH 值均调至 7～7.5，含水量均为 60%～65%。

4. 拌料、装袋和灭菌

（1）**拌料** 工厂化食用菌生产中拌料常采用专用搅拌机。拌料时将主、辅原料按配方逐一置于拌料机内，充分混合，加水搅拌均匀。料水比一般在 1:（1.15～1.2），以手紧握培养料时指缝间欲渗出水珠为宜。高温季节宜适当降低培养料含水量，提高 pH 值。一次拌料量应根据灭菌灶的容量而定，不要剩余，以防酸败。

（2）**装袋** 培养料拌好后由传送带将培养料送至装袋机，及时进行装袋（瓶）。栽培袋规格一般为 17 厘米×（33～35）厘米的低压聚乙烯或聚丙烯筒膜，提前将一端袋口折封，装袋时边提袋边压实，装料高度为 15 厘米左右。装满后在料面中央打通气孔，另一端袋口留长 10 厘米左右，扎口系活扣。每袋装干料 400～450 克，装袋要松紧适宜，过紧则透气不良，影响菌丝生长；过松则薄膜间有空隙，容易污染杂菌，且不利于出菇。栽培瓶容量一般为 500～1 400 毫升，口径为 52～82 毫米，通过自动装瓶机将料装入瓶内，盖上专用过滤盖。同一批培养料装袋（瓶）需当天完成。

（3）**灭菌** 装完袋后及时进行灭菌，防止培养料酸败。在 103.46 千帕（约 1.05 千克 / 厘米^2）蒸汽压力下灭菌 2.5 小时或常压 100℃蒸汽灭菌 12 小时，灭菌结束，闷 3～8 小时自然降温后，将菌袋取出。拌料、装袋、灭菌应在当天内连续完成。

5. 接种 灭菌后将菌袋移入经消毒的冷却室内冷却，当菌袋温度降至 27℃左右时方可接种。接种人员穿戴干净、消毒的衣、帽、鞋和口罩，通过风淋室洁净后进入接种室。接种前，双手用 75% 酒精或 0.25% 新洁尔灭溶液擦洗消毒，菌种瓶外壁及封口用 0.1% 高锰酸钾溶液消毒，接种工具和菌种瓶口经酒精灯火焰灭菌。可采用自动接种机进行接种，接种前各工作部件用 75% 酒精喷雾和擦拭消毒，接种刀用酒精灯火焰灭菌。一般 750 毫升瓶装菌种接 30～35 袋（瓶），每袋（瓶）接入栽培种 20 克左右，栽培袋使用颈圈和消毒棉塞封口，栽培瓶使用专用过滤盖封口。接种时按照无菌操作规程，做到规范、准确、迅速。同一批灭菌的菌袋要一次性接种，接种后及时将菌袋移入培养室发菌。

6. 发菌培养 接种后，从接种室递送窗将接种后的菌袋（瓶）整筐移入培养室内进行发菌培养。培养室应清洁、干燥、通风、遮光，门、窗应安装防虫纱网，并能防鼠。培养室在菌袋移入之前要全面消毒。发菌时将菌袋摆放到床架上遮光培养。培养室温度控制在 18～20℃，保持空气新鲜，避光发菌。发菌过程中要定期检查菌丝长势及杂菌发生情况，每隔 7～10 天将菌袋上、下互换位置，发现杂菌污染袋要及时集中处理。经 35～40 天菌丝可长满菌袋。

7. 降温催蕾 当菌丝长满料袋达到生理成熟后，将培养室温度降至 13～15℃，使菌丝在低温刺激下尽快转入生殖生长。

当料面出现淡黄色液滴时即将现蕾，经 7～10 天针状菇蕾形成。

8. 出菇管理

（1）**"再生法"袋式栽培**　当针尖状成丛密集菇蕾长至 3～4 厘米时，及时开袋或将袋口敞开拉直，并将袋口向外翻折 2～3 次直至近料面，然后移至冷库菇房。菇房温度降至 9～12℃，加大冷风机通气量，促使菇房内空气湿度快速降低，通过对流的干燥风横吹，使菇蕾在 1～3 天内失水萎蔫倒伏。一般倒伏后的第三天，可明显看到从菇柄基部重新长出密集的菇蕾，且长度一致。如果 3～4 天后仍无新的菇蕾出现，手触摸已萎蔫的菇蕾有刺感，则可轻喷水 1 次，并覆盖塑料薄膜保湿，保持菇房空气相对湿度在 85%～90%，待再生菇蕾长至 4～5 厘米时，及时套袋，通过低温、冷风和强光抑制，使再生菇蕾生长平齐、健壮。抑制室温度控制在 3～5℃，以 3～5 米/秒的弱风吹向菇体，也可采用光照抑制，即在距离菇体 50～100 厘米处用 200 勒的光照间歇性照射，每天 2～3 小时，抑制期一般为 5～7 天。抑制结束后，当新形成的菇蕾长至 5 厘米以上时拉长袋口，目的是增加袋内二氧化碳浓度和空气湿度。当金针菇子实体逐步进入快速生长期时，加强温、湿、氧、光等诸方面的综合管理，菇房温度保持在 5～8℃，空气相对湿度保持在 80%～90%；为了抑制菌盖生长，促进菌柄伸长，可适当提高袋内二氧化碳浓度，控制菇房内二氧化碳浓度不超过 0.6%。同时，进行弱光培养，诱导菇丛整齐生长。再经 1～2 次拉袋，使菌柄直立伸长。

（2）**搔菌低温抑制法（瓶栽）**　菌丝长满瓶后立即进行搔菌，即把瓶口部位的老菌块扒掉，把料面整平，经过 5～7 天菇蕾可密集出现。当子实体长至 1 厘米左右时，通过低温、光照、吹风等方式，抑制子实体生长。此期温度保持在 3～5℃，空气相对湿度保持在 80%～85%，并送入大量的新鲜空气，促使菇柄质地坚实。当菇芽形成整齐的出菇面后，取消抑制，转入正常管理。当子实体高出瓶口 2～3 厘米时套上包菇片，温度保持在

5～9℃，空气相对湿度保持在 80%～85%。

9. 采收与清料 工厂化周年栽培金针菇，一般只采收 1 潮菇。菌柄长至 15～17 厘米、菌盖内卷呈半球形、菌盖直径 1 厘米左右时即可采收。采收时，手握菌柄，轻轻整丛拔出，勿折断菌柄。每批金针菇采收后，及时清理废菌袋，对清空的菇房车间进行清洗及蒸汽消毒处理，对生产场地及周围环境进行冲刷消毒，并对菌糠等物质资源进行无害化循环利用。

10. 整理及加工 采收后，整齐地切除菇根，根据客户对产品规格及包装的要求，及时整理分级、保鲜或加工处理，装入干净的专用包装容器内。保鲜及加工所用的材料，应符合国家相关卫生标准，不得采用有毒有害化学添加剂等进行漂洗、熏蒸、喷洒，不得使用国家明令禁止使用的配料、添加剂和加工助剂。

11. 贮藏和运输 金针菇以鲜销为主。鲜菇宜冷链运输，采用 4℃左右低温贮藏、气调贮藏或采取速冻保鲜。贮藏仓库应干净，无虫害和鼠害，无有害物质残留，在最近 7 天内没有用禁用药剂处理过。金针菇产品应单独存放，不得与常规产品及有毒、有害、有异味物品混杂或混运。产品出入库、库存量和运输、装卸过程等环节均应有完整的档案记录，并保留相应的单据。

12. 包装和标识 金针菇鲜菇包装纸箱无受潮、离层现象。不得使用含有甲醛、荧光增白剂等有毒有害物质的包装材料。包装上应有产品认证标志，外包装上还应标明生产或加工单位的名称、地址、认证证书号、生产日期及批号。

（五）病虫害防控

1. 主要病虫害 工厂化栽培金针菇，主要杂菌有青霉、木霉、曲霉、毛霉、脉孢霉等；主要病害有锈斑病、黑根病、褐腐病、软腐病等及再生菇蕾分化不良等；主要虫害有菇蚊、菇蝇、瘿蚊、菌螨等。

2. 防控原则 规范栽培管理技术，以农业、物理、生物、生态综合防控为主，化学防控为辅，使金针菇产品达到天然、无污染、安全、优质食品的标准要求。

3. 防控方法

（1）**农业防控** ①选用抗病性和抗逆性强、适应性广的品种，定期复壮或轮换使用菌种，保证生产用菌种的质量，培育适龄、健壮的出菇菌体。②培养料灭菌应达到无菌状态，按照无菌操作规程接种，发菌场所保持整洁卫生、空气新鲜，降低空气湿度。③发菌期培养室温度最高不超过23℃，避光培养，定期检查，发现杂菌污染袋及时剔除，集中处理。④通过加强出菇区环境卫生管理防控虫害，出菇区走廊每天清洗1次，菇房使用前后用蒸汽高温消毒。⑤发现金针菇子实体发病或菌袋有虫害发生时及时清除和隔离，摘除病菇，清理菌袋，洗净、消毒操作工具，废菌料和废菇体应运至距离生产区50米以外的地方处理。

（2）**物理防控** 菇房走廊及发菌室悬挂粘虫板、安装频振式杀虫灯、黑光灯或捕鼠器，菇房门口及通风口设置空气净化过滤器和防虫纱网。

（3）**生物药剂防控** 有限度地使用部分低毒性的微生物源、植物源农药制剂防控病虫害。金针菇生产栽培，在无菇期可使用中生菌素、多抗霉素、浏阳霉素等农用抗生素制剂和阿维菌素、除虫菊素、烟碱、鱼藤酮、印楝素等生物制剂。

（4）**生态防控** 在适宜范围内，高温季节菌袋培养料含水量宜低于低温季节；发菌阶段调节培养室适宜的温度，降低空气湿度，适度通风，避光发菌；出菇阶段控制好菇房内子实体在不同生育期的适宜温度和空气湿度，各时期的温度、湿度以低限为宜，避免高温、高湿，进行适宜的通气和光照。

（5）**化学防控** 化学防控应有计划性和针对性。发菌场所在非培养期，可使用低浓度氯化物溶液对培养场地进行淋洗消毒处理，出菇区可用石灰水消毒处理。产前结合场地整理进行药剂消毒与灭虫，生产过程中应定期消毒与灭虫。金针菇病虫害防控，应减少化学农药的使用，必要时应选用高效、低毒、低残留药剂或选用在我国食用菌生产中已登记、允许使用的农药进行防治。例如，噻菌灵、咪鲜胺锰盐、二氯异氰尿酸钠、菇丰（18%福美双＋12%百菌清）等消毒杀菌剂及氟虫腈、菇净（40%高效氯氟氰菊酯＋0.3%甲氨基阿维菌素苯甲酸盐）等杀虫药剂，可在地面环境中选择使用。发现局部菌料受杂菌污染或子实体发病时及时进行隔离、清除和药剂控制，有针对性地采取科学的施药方法；发现菇房内有害虫发生时，可使用糖醋药液或毒饵诱杀，或选用上述杀虫药剂避菇喷杀。注意出菇期不得向子实体喷药。在发菌场所遭受害虫严重侵袭的紧急情况下，宜使用植物源农药制剂进行喷雾和熏蒸处理，但要注意不能对菌丝体和子实体产生药害或污染。可使用以维生素D为基本有效成分的杀鼠剂诱杀害鼠。

（六）质量安全控制

1. 农药安全使用原则　执行国务院令第216号《中华人民共和国农药管理条例》及2001年11月29日发布的《国务院关于修改（农药管理条例）的决定》的规定。禁止使用剧毒、高毒和高残留及重金属制剂、杀鼠剂等化学农药；不得使用国家明令禁止生产使用和无公害食品、绿色食品生产中规定不得使用的农药种类；禁止在金针菇栽培基质中或在发菌期、出菇期喷洒使用禁用化学农药；有限度地使用低毒、低残留农药或生物农药。

2. 药剂防治注意事项　配药时应使用标准称量器具；金针菇原基形成后至采收期不得在子实体上使用农药及植物生长调节剂；在出菇阶段，要在无菇期使用药剂或避菇使用药剂，以喷洒地面环境为主，最后1次喷药至采菇间隔时间应长于该药剂的安全间隔期。

3. 生物制剂使用原则　可选用部分生物制剂或限量使用部分食品抗菌剂进行防治，慎用活体微生物农药；采用生物药剂与化学农药选择性搭配，以减少化学农药的用量，防止或延缓病虫产生抗药性；采取局部用药，防止发生药害；生物农药比一般化学农药应提前 2～3 天施用，及早预防。

4. 合理使用施药器械　根据病虫危害特点有针对性地选择科学施药方式，使用合适的施药器具，合理用药，不得随意、频繁、超量及盲目施药防治。

5. 采后质量安全管理　采收应及时，采收人员应身体健康、无传染病。推行金针菇产品包装标识上市，建立质量安全追溯制度，完善整个溯源体系，防止加工产品中亚硫酸盐、荧光物质等有害物质超标。

（七）生产档案管理

建立金针菇工厂化生产管理档案。对工厂化金针菇的产地环境质量、栽培设施条件、生产投入品、生产管理过程、病虫害防治和采收、加工、包装及贮运等环节，均应有详细、完整的记录。生产记录档案应保留 3 年以上。

第七章
金针菇采收与加工技术

一、采收与贮运

（一）采　收

传统农艺设施栽培金针菇，当子实体高度达 12～16 厘米，菇盖直径 0.8～1.2 厘米，菌盖尚未展开仍为半球形时，即可采收。采收时将整丛子实体摘下，不留幼菇，同时清除袋口处的死菇和残留的菇根。采后将套上的塑料袋反卷放在袋口上，待下潮子实体出现，并长到 1～2 厘米时，再将塑料袋拉直成筒状，让子实体在袋内生长。白金针菇可采 2 潮，黄金针菇可采 3～4 潮。

采收后平整地装入筐内，放在暗处以免见光变色，装量不宜过多，以免压碎影响质量。根据市场需求尽快分级包装。

工厂化栽培金针菇，当子实体长至筒口，高度达 13～14 厘米时即可采收。大多数企业就地采收，有的企业需要将成熟的金针菇移到清洁低温的采收室进行采收。采收后置于塑料周转筐内，运至包装间，切去菇根，包装间温度保持在 10～12℃。将塑料包装薄膜套在专用包装模具内，将切好的金针菇放入塑料薄膜内，称重、装袋，采用手工扭结袋口方式封口。然后装入聚苯乙烯泡沫箱内，不封箱口，置于冷藏室（2～3℃）层架上，待出货时封箱。有的企业，采用简单液压设备压紧，半抽真空，封口，以延长货架期。也可采收后先预冷，不切根包装，直接将2丛鲜菇装入包装内，装箱、冷藏、发运。

（二）金针菇质量标准、包装、运输

《双孢蘑菇、金针菇贮运技术规范》规定了金针菇鲜菇的采收和质量要求、预冷、包装、入库、贮藏、出库、运输技术要求。

1. 质量要求　入库贮藏的金针菇质量指标：菇体外观均匀、整齐，新鲜完好，不开伞；具有固有色泽；菇体表面无杂质、干燥无水渍、无机械损伤；有金针菇特有的香味，无异味；无霉烂菇，水分≤91。卫生指标应符合《食品安全国家标准 食用菌及其制品》的规定。

2. 预冷和包装　采摘温度为0～15℃时，宜在采后4小时内实施预冷；采摘温度为15～30℃时，宜在采后2小时内实施预冷；采摘温度超过30℃时，宜在采后1小时内实施预冷。可采用冷库冷却、强制冷风冷却、真空冷却等方式，使金针菇预冷温度为0～2℃。

预冷后的菇体装入内衬厚度为0.02～0.03毫米、卫生指标符合《食品包装用聚乙烯成型品卫生标准》规定的聚乙烯薄膜袋的包装箱，每袋不宜超过3千克。包装宜在2～6℃条件下进行，扎紧包装袋。外包装（箱、筐）应牢固、干燥、清洁、无毒、无异味，以便于装卸、贮藏和运输。

3. 入库　菇体入库前应对贮藏库进行清扫和消毒灭菌，菇体入库前2～3天先将冷库预冷，使温度降至0～2℃，经预冷和包装后的金针菇需及时入库冷藏，入库速度根据冷库制冷能力或库温变化进行调整。

4. 贮藏　金针菇适宜贮藏温度为0～2℃。贮藏期间需每天检测库内温度，整个贮藏期间要保持库内温度的稳定，贮藏期不宜超过15天。

5. 出库　菇体出库应达到以下质量标准：菇体外观完整、

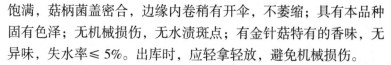
饱满，菇柄菌盖密合，边缘内卷稍有开伞，不萎缩；具有本品种固有色泽；无机械损伤，无水渍斑点；有金针菇特有的香味，无异味，失水率≤5%。出库时，应轻拿轻放，避免机械损伤。

6. 运输 常温运输时，应用篷布（或其他覆盖物）遮盖，并根据天气状况，采取相应的防热、防冻、防雨措施。低温运输时，冷藏车内温度应为2～8℃。菇体常温运输时间不宜超过24小时，低温运输时间不宜超过48小时。运输行车应平稳，减少颠簸和剧烈振荡。码垛要稳固，货件之间及货件与底板间留有5～8厘米间隙。

二、产品加工

（一）盐 渍

盐渍就是将经挑选的金针菇子实体（去除劣质、霉烂或有病虫害的）进行预煮（杀青），再用一定浓度的盐水浸泡，从而最大限度地保持子实体的营养价值与商品价值。盐渍是外贸出口常用的加工方法，也是进一步加工前保存菇体的必要手段，同时还是鲜品销售不畅时种菇户规避风险的必备措施，尤其是投料量大的种菇户。主要设备及用具有锅灶（采用直径60厘米以上的铝锅，炉灶的灶面贴上釉面砖）、大缸、塑料周转箱、包装箱、笊篱等。

盐渍加工食用菌的原理是利用高盐溶液的渗透压，增加菇体细胞膜的渗透性，使子实体细胞的自由水极大地减少，细胞的生理生化反应因缺少自由水而不同程度地减弱甚至终止，从而相应地减少或终止了酶促褐变等生化反应，防止菇体腐败变质。

1. 工艺流程

（1）整理原料菇 清除金针菇的杂质和老根。

（2）漂洗 放入0.5%氯化钠溶液内漂洗。

（3）**预煮** 在锅内加入 5%～6% 的盐水（为了降低成本，也可用清水），烧开后倒入漂洗的金针菇子实体，边煮边上下翻动。捞去浮在表面的泡沫，煮至熟而不烂（菇体在水中下沉），一般水煮 4 分钟即可捞起冷却。锅里的水可连续煮 5～6 次。将烫漂后的金针菇立即放入流动的冷水中冷却，或用 4～5 口水缸连续轮流冷却。冷却后沥干水分。

（4）**盐渍** 盐渍方法有两次盐渍法和多次加盐盐渍法。

①两次盐渍法 金针菇冷却后沥去清水，先放到 15%～16% 盐水中盐渍 3～4 天，使盐分向菇体中自然渗透，菇体逐渐"转色"，称为"定色"。再将金针菇从 15%～16% 盐水中捞起，沥干，放到 23%～25% 盐水内。有条件的，在刚开始的几天中，最好每天转缸 1 次，发现盐水浓度低于 20% 时，应立即加盐补足，或倒出一部分淡盐水，再倒入饱和盐水调整。盐渍 7 天后，当缸内盐浓度不再下降、咸度稳定在 22 波美度左右时，即可装桶。

②多次加盐盐渍法 将冷却后的金针菇装入木桶（或陶瓷缸）中，每天加入一定量的食盐（菇和盐水总重量的 4%～5%），使咸度每天提高 4～5 波美度，直到咸度稳定在 22 波美度以上时，停止加盐。为了检查菇体组织与盐液咸度是否达到平衡，可捞取少量金针菇放入配好的 22 波美度盐水中，若下沉，证明已达到平衡；若上浮，就是还没有达到平衡，要继续盐渍。一般来说，盐渍过程需要 20 天，每 100 千克菇（烫漂后的重量）需用 35～40 千克食盐。

（5）**装桶** 将已盐渍好的金针菇捞起，沥去盐水，约 5 分钟后称重，装入塑料桶内。根据塑料桶的型号大小，每桶定量装入 25 千克或 40 千克或 50 千克。然后在桶内灌满新配制的 22 波美度盐水，用 0.4%～0.5% 柠檬酸溶液调节 pH 值至 3～3.5，并加盖封存。或用柠檬酸、偏磷酸钠、明矾配制调酸饱和盐水，调节 pH 值至 3～3.5，再灌入桶内。

2. 技术要点

（1）**加工要及时** 鲜菇采摘后，极易氧化褐变和开伞，要尽快预煮、加工，以抑制褐变。

（2）**严防菇体变黑**　加工过程中，严格防止菇体与铁质、铜质容器或器皿接触，同时也要避免使用含铁量高的水进行加工，以免菇体变黑。

（3）**把握好预煮温度和时间**　预煮应做到熟而不烂。预煮不足，氧化酶活动得不到破坏，蛋白质得不到凝固，细胞壁难以分离，盐分不易渗入，易使菇体变色、变质；预煮过度，组织软烂，营养成分流失，菇体失去弹性，外观色泽变劣。预煮后要及时冷却，待彻底冷却后方可盐渍，以防盐水温度上升使菇体腐坏发臭而变质。

（4）**食盐的纯度**　食盐中除含氯化钠外还含有镁和钙等杂质，在腌制过程中会影响食盐向食用菌内渗透的速度，食盐中硫酸镁和硫酸钠过多还会使腌制品产生苦味。为了保证食盐迅速渗入菌体内，防止菇体腐败变质，生产中应选用纯度高的食盐。

（5）**盐水浓度**　由扩散渗透的理论得知，腌制时盐水浓度越大，菇体食盐内渗量越大，为了达到完全防腐的目的，所用盐水浓度应在 25% 以上。

（6）**温度条件**　夏天气温高，微生物繁殖快，要迅速完全地腌制，抑制其他微生物活动，因此，盐水浓度要高些；冬季温度低，盐水浓度可适当降低。

（7）**氧化控制**　缺氧是腌渍过程中必须重视的问题，缺氧条件下可有效地阻止菇体的氧化变色和腐坏变质，同时还能减少因氧化造成的维生素 C 的损耗。所以，腌制时必须装满容器，注满盐水，不让菇体露出液面；装满后一定要将容器密封，这样会减少容器中的空气量，避免菇体与空气接触而氧化。

（二）罐　藏

罐藏食用菌产品具有保藏时间长、携带方便、营养丰富、食用卫生的特点。金属罐和玻璃瓶是应用较多的罐藏包装容器，但近年来塑料薄膜及塑料金属复合薄膜蒸煮袋的出现，为软罐头食品生产提供了必要的条件。软罐头食品是采用聚酯、铝箔、聚烯烃等多层复合薄膜制成蒸煮袋，对经加工处理后的食用菌装袋、密封、杀菌、冷却而制成的新型罐头产品。软罐头食品与传统罐藏食品相比，更接近天然食品的风味，产品色香味好，营养成分损失少，易开启，食用方便，容器重量轻体积小，贮存和运输方便。

金针菇罐藏的主要工艺流程如下。

1. 原料选择　选择菇体完整、色泽正常、无病虫害的子实体，切除菇柄基部的杂质。

2. 预煮、冷却　将修整好的子实体在清水中浸泡洗净，放入沸水中预煮 2～3 分钟，子实体与水的比例为 1∶1。预煮后将子实体捞出，迅速置于清水中快速冷却。预煮水留作配汤使用。

3. 配汤　按预煮菇水 97.5%、精盐 2.5% 的比例，配成汤汁。汤汁煮沸后用 4 层纱布过滤。

4. 装罐　将子实体从清水中捞出并沥干水分，装入罐中，装罐量为 250～500 克，加注热汤汁，加汤至留有 0.8～1 厘米的顶隙。

5. 排气、密封　采用加热排气法排气或抽真空密封。

6. 灭菌、冷却　在 121℃ 条件下灭菌 20～30 分钟，然后冷却。

7. 保温、入库　冷却后的罐头擦净表面水迹，在 37℃ 条件下保温 5 天。剔出腐烂等不合格产品，合格产品即可入库贮藏。

（三）糖　渍

食用菌糖渍，就是利用高浓度糖液产生高渗透压，析出子实体的大量水分，使制成品具有较高的渗透压。微生物在这种高渗透压的食品中无法获得所需要的营养物质，而且微生物细胞原生质会因脱水收缩而处于生理干燥状态，所以无法活动。虽然不会使微生物死亡，但也迫使其处于假死状态，达到保存制成品的目的。食用菌糖制品含糖量必须达到 65% 以上，才能有效地抑制微生物的作用。糖制品只要不接触空气、不受潮，其含糖量不会因吸潮而稀释，糖制品就可以久贮不坏。糖具有抗氧化作用，有利于制品色泽、风味和维生素等的保存。金针菇糖渍加工产品主要是金针菇蜜饯。

将金针菇原料洗净，在 100℃ 沸水中烫 1～3 分钟，冷却，沥干水分。把沥干水分的金针菇浸泡在 40% 糖液中，冷浸 3～5 小时。把浸渍好的金针菇倒入 65% 糖液中，熬制 1～1.5 小时，再加入 1% 的柠檬酸，熬至糖液浓度达 70% 时出锅，装入容器中，以一定浓度的糖液浸泡密置。加工后的金针菇蜜饯呈金黄色透亮。

（四）干　制

食用菌干制是一种既经济又大众化的加工方法。将新鲜金针菇经过自然干燥或人工干燥，使菇体中水分蒸发，含水量降至 13% 以下。干制设备可简可繁，生产技术易掌握；可就地取材，就地加工。干制品耐贮藏，不易腐败变质。

1. 晒干　在太阳下晒 3～5 天即成。此法经济，简单实用，成本低。但含水量偏高，不耐贮存。

2. 烘干　把新鲜金针菇放入烘干房（机）进行烘烤，使其干燥。烘干速度快，品质好。但成本高，适用于大规模生产。烘干的菇体含水量低，耐贮存。

用于干制的金针菇应适时采收，采收后的鲜菇应迅速运往干燥室，立即装入干燥机的烘筛中干燥。不能及时送入干燥机的鲜菇不要堆积，应放入预备烘筛中，置于日光下或通风处，以免菇体失去原有色泽、菌褶倒伏及变色，甚至腐烂。

（五）速　冻

将采收后的金针菇去除杂质，切根，放入清水中洗净，沥去水分。放入不锈钢篮内，经热水烫漂 50 秒钟左右，立即投入冷水中冷却至常温。撇去水中的碎屑，每袋定量7.5千克，投入离心甩水机中甩水30秒钟，以手握子实体无连续滴水为度。将甩过水的子实体装入速冻盘，在－35℃条件下冷冻20～30分钟，即为速冻成品。根据客户要求进行分装，将包装好的成品用冷藏车送至－18℃的冷藏库内贮藏。

（六）休闲即食食品

近年来，一种麻辣金针菇休闲即时食品深受消费者欢迎，它既保持了新鲜金针菇所具有的色、香、味、形及高膳食纤维和营养物质，又具有食用方便、安全卫生等休闲特性。

1. 原料清洗　选择颜色一致、无腐烂、无病虫害的新鲜金针菇，切去菇柄基部杂质和颜色太深的菌柄，然后在清水中漂洗干净，捞起沥干水分。

2. 硬化　按1：3的料液比，将金针菇置于0.5%氯化钙＋1%氯化钠混合溶液中浸泡30分钟，捞出控水。

3. 杀青　将0.3%柠檬酸＋0.07%抗坏血酸溶液煮沸，按1：2的料液比，将硬化金针菇置于烫漂护色液中煮3～5分钟。

4. 漂洗　杀青后，金针菇立即捞出置于冷水中漂洗冷透，并于流水中冲洗10分钟。

5. 脱水　漂洗后的金针菇在3000转/分的转速下离心10分钟，初步除去表面附着水分。

6. 干燥　在60℃热风循环干燥柜中，将金针菇干燥至含水量70%左右。

7. 拌料　按100克干燥金针菇加入3克盐、1克味精、1.5克糖粉、0.5克辣椒粉、0.5克花椒粉和5克色拉油的比例进行拌料。

8. 封袋　按200克/袋装袋，真空封口。

9. 杀菌　于115℃条件下灭菌10分钟。

10. 装箱　冷透金针菇，擦干包装袋表面水分，即可装箱入库。

第八章

金针菇病虫害防治技术

一、病虫害发生特点及综合防治措施

（一）病虫害发生特点

1. 病虫害种类多、危害重 据初步统计，侵染金针菇培养料、菌丝体和菇体的杂菌、病菌和害虫种类达100多种，各种病菌和害虫在不同的季节以不同的方式与金针菇争夺营养，侵害菌丝和菇体。

2. 栽培基质为病虫害繁殖提供了营养条件 许多害虫和病菌以腐熟的有机质为食源，如跳虫、螨虫、瘿蚊、线虫、白蚁和蚤蝇等昆虫都喜食腐熟潮湿的有机质。在食源丰富的条件下，螨虫、瘿蚊能以母体繁殖方式在短时间内快速地增殖后代。经灭菌熟化的木腐菌基质成为竞争性杂菌快速繁殖的基地，如木霉、根霉、链孢霉孢子落入基质内便能快速繁殖，与食用菌争夺养分。

3. 培养环境为病虫害繁殖提供了适宜条件 金针菇菌丝发菌温度为20～26℃，培养基内水分含量为65%左右，此环境条件同时也适合病虫繁殖和危害。

4. 金针菇与病菌、杂菌同属于微生物，需求性一致 金针菇与病原杂菌在营养需求、生长环境条件方面都表现一致，所以它们相伴相随，难以分开。许多杀菌药剂在杀菌的同时也伤害金针菇的菌丝和子实体。

5. 栽培料携带多种病虫源　绝大多数杂菌和有害昆虫，其寄主都是农作物的残体，如稻草、棉籽壳、禽畜粪便等携带大量病菌孢子、菌体、螨虫、蚊、蝇等。因此，需要对栽培料进行灭菌处理，以消灭或减少病虫源的基数，减少病虫害危害程度。

6. 病虫同时侵入、交叉感染　菇蚊、菇蝇携带螨虫和病菌，当其在培养基、菇体上取食和产卵时会传播病毒、螨虫和病菌。

7. 菌丝和子实体营养丰富，病虫易于侵染　金针菇以高蛋白、低脂肪、低纤维、味道鲜美而受到人们的喜欢，同样也受到众多微生物和昆虫的喜爱。而且金针菇水分充裕、气味浓重，菌丝和子实体表层没有相应的保护层，所以更容易成为各种微生物的食物。

8. 病虫分布广，药剂难以控制　多数致病菌隐蔽性强、食性杂、体型小、繁殖快、暴发性强，在栽培者还没有发现时，就已在栽培料内萌发繁殖，发现时已经造成危害。

（二）病虫害综合防治措施

1. 农业防治

（1）加强预防意识　病虫害在高温出菇期和发菌期均有发生。虫害不仅危害金针菇子实体，还严重危害栽培料，其幼虫钻入栽培料还会咬断菌丝。出菇期间若用药物防治，菇体会残留大量农药，而且防治效果甚微。因此，栽培者必须树立加强预防意识，防患于未然，做好病虫害检测工作，及时采取防治措施，把病虫害消灭在初始阶段，防止蔓延，把损失减少到最低限度。

（2）选用优良品种和优质菌种　选用适合当地栽培条件、抗病虫能力强的优良品种；选用纯正、菌龄适宜、生命力旺盛的菌种，以保证接种后恢复快、吃料快、抗病虫能力强。

（3）选用优质原料　使用新鲜、干燥、无霉变、无虫蛀的原料，培养料的选择和配制要充分考虑到栽培品种的生长发育需

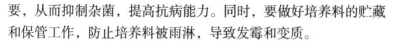

要，从而抑制杂菌，提高抗病能力。同时，要做好培养料的贮藏和保管工作，防止培养料被雨淋，导致发霉和变质。

（4）**调配好栽培料**　拌料场地以水泥地为好，拌料天气以晴天为好，雨天湿度大时及晴天中午气温高时不宜拌料。配料时先混匀主料和辅料，再将溶于水的药液加入料中，用拌料机搅拌均匀。拌好的栽培料要进行含水量和 pH 值测定，两项均要达到相应指标。

（5）**搞好栽培场所的环境卫生**　菇房要远离饲养场、垃圾堆、粪便池，而且要接近水源、通风向阳，门窗及通风口要安装防虫网。种菇前，菇房内外要进行 1 次彻底的清理和消毒。生产中的废料应运到远离菇房的地方，生产场所做到无杂物、无污水、无废料。

（6）**严格执行操作规程**　生产中操作人员要严格遵守金针菇栽培操作规程，尤其是接种过程，生产场所、接种工具、菌种和培养料包装物、接种人员都要认真消毒，保证在无菌条件下操作，并要求接种快速、高效。

（7）**创造最佳生长发育条件**　在栽培管理中，应根据金针菇生长发育条件的要求，对温度、湿度、光线、酸碱度、营养成分、通气条件进行科学管理，使整个环境条件适合金针菇的生长发育而不利于病虫和杂菌的滋生。

2. 生态防治

（1）**发菌场地与栽培场地分开**　发菌和出菇在同一环境下，病虫害易交叉感染，特别是在发菌室内易重复感染，难于根除，因此发菌和栽培场地应分开。

（2）**更换栽培品种**　上季发生过致病性强的病害或虫害的栽培房，不应连续栽培同一品种，防止同一种病虫害再度发生。

（3）**选用生命力强的抗病性品种**　抗病性强的品种体现出品种的遗传优势，而菌种的生活力和纯度则由供种单位的生产技术和条件所决定。种植者在引用优良菌种的同时，更要了解品种的适温性，选择适宜季节出菇，才能更好地发挥品种的高产性和抗病性。

（4）**保持环境清洁干净**　发菌和栽培场地保持清洁，通风透气，是提高成品率的基础条件。在生产过程中污染的菌袋不能积压，应及时清除。保证水源干净，水沟通畅，空气清新。

（5）**同一菇棚内尽量栽培同一品种**　为了便于栽培管理和病虫害防控，在环境条件一致的菇棚内宜栽培同一品种。这样，接种期和出菇期一致，以便采用统一的栽培措施，在温度调节、水分管理、病虫害防治等环节上均能达到统一性和有效性。

3. 物理防治

（1）**加强栽培料灭菌处理，保证栽培袋的纯净度**　菌袋灭菌时，常压条件下 100℃，保持 12～16 小时；高压条件下 125℃，保持 2.5～3.5 小时，灭菌期间要保持温度平稳，不应低于温度指标。使用的菌袋韧性要强，无砂眼，封口严实，装袋操作要细致，防止破袋，以减少污染。

（2）**规范接种程序，严格无菌操作**　菌种生产应按照无菌规程操作，层层把关，严格控制，以生产出纯度高、活力强的优质菌种。操作人员穿戴工作服，以确保接种室达到高度无菌状态。

（3）**创造适宜的发菌环境，防止杂菌、害虫发生**　发菌室应具备恒温条件，避免温差过大。温度保持在 18～24℃，而且要干燥、通风、遮光培养，减少蚊、蝇飞入产卵危害。

4. 化学防治　注重栽培设施消毒，发菌室及出菇棚使用前后均应进行消毒灭菌处理。

二、常见杂菌及病害防治

在金针菇菌种生产和人工栽培过程中，经常遭到绿霉、青霉、链孢霉、根霉、曲霉和毛霉等多种杂菌污染，尤其是在高温季节（夏季和早秋），杂菌污染更为严重。这些杂菌能快速地在培养料上生长，并分泌毒素抑制金针菇菌丝生长和子实体形成，常常导致成批的菌种、栽培种、栽培袋报废，成批的培养料变质霉烂，最终导致栽培失败。因此，在生产中，尤其是菌种生产和菌丝培养阶段，防止杂菌污染，是获得金针菇栽培成功的关键。

（一）绿　霉

1. 危害特点　绿霉又称木霉、绿色木霉，是一种发生普遍、危害严重的污染杂菌。这种杂菌适应性强，生长迅速，传播快，广泛分布于栽培料、土壤、肥料及空气中。空气流动、昆虫、螨类可传播病菌，也可通过消毒不彻底的生产工具或培养料传入侵染。孢子在酸性菌种培养基、潮湿木板和未清除的死菇上容易滋生蔓延。绿霉菌除了与菌丝争夺培养料中的养分、水分和分泌毒素抑制食用菌菌丝生长外，还可直接寄生在金针菇的菌丝上。温度高于22℃是该菌暴发的主要条件，其菌丝较耐二氧化碳，在通风不良的环境下绿霉菌丝能大量繁殖，快速地侵染培养料，侵染后很快形成绿色的菌落。金针菇子实体生长阶段遇高温、高湿环境极易感染绿霉菌，若处理不及时，会造成减产或绝收。另外，培养料 pH 值小于6时，适合该菌生长。

2. 防治方法　①保持制种及发菌场所环境清洁干燥，无废料和污染料堆积，远离鸡舍、猪圈等，并加强虫害防治，定期喷施杀菌药和杀虫药。②栽培料要新鲜、干燥、无霉变。陈旧的栽培料，最好经过日晒处理。③控制水分。配料时严格按规定的数量加料加水，拌匀，防止过碱、过酸或结块，防止水分过多，避免装料过紧。④菌种栽培料配制时应少用麦麸、糖、玉米粉、磷酸二氢铵等，特别是高温季节栽培时一定要减少添加量。⑤选用质量好的菌种袋和栽培袋，装料、搬运时轻拿轻放，防止袋表面有破口。⑥把好接种关，选用生命力强的适龄菌种，适当加大接种量。接种箱（室）严格杀菌，接种过程要迅速、准确，尽量减少人为带入杂菌。⑦发菌期培养室要保持清洁干燥，具有良好的通风条件，特别是在高温阶段要加强通风，严防高温烧菌，引发杂菌污染，并定期用臭氧发生器或紫外线灯杀灭空气中的霉菌孢子。⑧培养阶段发现污染的菌袋，及时剔出培养室，远离菌种房进行处理。注意污染程度不管是轻还是重，均不要用药剂处理，这是因为药剂处理不仅易产生农药残留，而且处理效果也很差，没有实际意义。通常的处理方法是将污染轻的培养料倒出，再加一些新料重新装袋回锅灭菌；污染重的培养料可集中堆制发酵作为肥料使用。

（二）青 霉

1. 危害特点 青霉是食用菌菌种分离、菌种生产和栽培过程中被广泛污染的一种杂菌，存在于多种有机物质上，多为腐生或弱性寄生。培养料中的麦麸、米糠等辅料是青霉菌滋生的条件，致病后所产生的新分生孢子，可通过喷水、气流、昆虫等媒介再次传染。多数青霉菌在酸性环境、温度 28℃以下时容易感染。在菌丝生长期污染青霉菌，金针菇菌丝生长受抑制或不能生长。

2. 防治方法 保持接种室、培养室、栽培室内外环境干净清洁，栽培室四周要进行药剂消毒；培养料可用 0.1%～0.2% 的 50% 多菌灵可湿性粉剂溶液和 3%～5% 石灰水拌料；低温接种，恒温发菌；加强发菌期检查，发现污染袋及时运出，降低重复污染率；及时采菇，摘除残菇和病菇，当出现病害时及时用药防治，同时加强通风管理，降低棚内湿度。

（三）链 孢 霉

1. 危害特点 链孢霉是高湿季节金针菇发菌期间发生的主要杂菌。该菌最初的感染源主要来自空气，一旦着落在潮湿的菌袋上，孢子会很快萌发，通过料袋破损处钻入袋内。该菌好氧，感染病菌的栽培袋在袋内不易产生孢子，而是在袋口及料袋破损处长出一团橘黄色的孢子团，孢子粉随空气流动传播，扩散到其他菌袋袋口和破袋内进行重复感染。在温度 25～35℃、培养料含水量 60%～70% 条件下病菌适宜生长。该霉菌生长快，传染力极强，在金针菇菌种生产和栽培中，常常引起整批菌种或栽培袋报废。

2. 防治方法　用棉塞封口时，培养料不宜装得太满，要与棉塞留有一定距离。在培养料灭菌结束后，要烘烤棉塞，防治棉塞受潮。接种时要及时换掉潮湿的棉塞和报纸，这是最关键的措施。培养时温度控制在 24℃ 以下，空气相对湿度控制在 60% 以下，保持空气流通，避免高温、高湿。一旦发现菌袋长出链孢霉菌，立即用塑料袋套上，移出菇房，在远离发菌场所的地方处理。其他防治方法与绿霉防治方法相同。

（四）根　霉

1. 危害特点　根霉是高温期间菌种生产和栽培过程中常见的一种污染杂菌，危害食用菌最常见的根霉种类为黑根霉。根霉孢子或菌丝随空气进入接种口或破袋孔，在富含麦麸、米糠的木屑培养料中繁殖迅速，在 25～35℃ 条件下只需 3 天，整个菌袋便长满了灰白色的杂乱无章的根霉菌丝。木屑、麦麸培养基受根霉危害后，培养基质表面形成许多圆球状小颗粒，初为灰白色或黄白色，后转变成黑色，到后期出现黑色颗粒状霉层。由接种时带入的根霉，优先萌发并抢占接种面，抑制食用菌菌种萌发，导致接种失败。根霉为喜高温的竞争性杂菌，广泛分布于空气、水塘、土壤及有机残体中。菌丝只吸收富含淀粉、糖分等速效性养分，因此熟化的培养基在高温期间接种和发菌时极易遭受侵害。温度 25～35℃ 时是根霉繁殖最活跃期，20℃ 以下时其菌丝生长速度下降。根霉抗药性强，用多菌灵、硫菌灵等农药拌料不能控制根霉生长。在 pH 值 4～7 的范围内，根霉菌丝生长较快。

2. 防治方法　一是将培养室的温度控制在 22℃ 以下，空气相对湿度控制在70％以下，能有效控制此病菌的发生，降低危害程度。二是适当降低培养料中麦麸含量，尽量不加糖。菌种生产中，菌袋一旦出现根霉菌立即搬离培养室，集中处理。

（五）曲　霉

1. 危害特点　侵害金针菇培养料的曲霉主要有黄曲霉、黑曲霉、灰绿曲霉等。在食用菌制种、栽培袋制作和发菌过程中，曲霉的污染很普遍，尤其是在多雨季节，空气湿度偏高，瓶口棉塞潮湿，极易产生黄曲霉。在灭菌过程中，常因温度偏低或保持时间不够，导致灭菌不彻底，使栽培料中曲霉孢子没被杀死，在发菌10天后袋内即出现曲霉菌落，导致整批栽培料报废。南方多雨地区，曲霉污染周年发生，从试管种到栽培袋均会遭到不同程度的损失。在马铃薯琼脂培养基中，常因棉塞受潮而感染黄曲霉，进而污染到试管内的菌种。在麦粒或谷粒培养基中，常因水分过多，麦皮、谷皮开裂，遭受曲霉侵染而报废。曲霉分布广泛，在各种有机残体、土壤、水体等环境中生存，分生孢子随气流漂浮扩散。孢子萌发温度为10～40℃，最适生长温度为25～35℃。培养基含水量为60％～70％时生长最快，低于60％时生长受到抑制。孢子较耐高温，在100℃条件下保持10～12小时或125℃以上条件下保持2.5～3小时，才能彻底杀灭基质中的曲霉孢子。

2. 防治方法　防止灭菌过程中棉塞受潮，一旦发现受潮，应在接种箱内及时更换为经灭菌的干燥棉塞。接种前菌种或试管前端均需要在酒精灯上灼烧后方可使用。接种时严格检查棉塞上是否长有曲霉，培养过程中也要经常检查棉塞是否受到曲霉菌的污染，发现污染要及时捡出。其他防治方法与绿霉相同。

（六）毛　霉

1. 危害特点　毛霉也称长毛霉，是菌种生产和栽培过程中经常发生的一种污染杂菌。受污染的培养料，初期生出灰白色稀

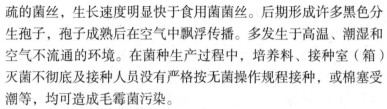
疏的菌丝，生长速度明显快于食用菌菌丝。后期形成许多黑色分生孢子，孢子成熟后在空气中飘浮传播。多发生于高温、潮湿和空气不流通的环境。在菌种生产过程中，培养料、接种室（箱）灭菌不彻底及接种人员没有严格按无菌操作规程接种，或棉塞受潮等，均可造成毛霉菌污染。

2. 防治方法　以防为主，从培养料拌料、装袋、接种到菌丝培养的全过程，均要科学管理、认真把好每一关，防止毛霉菌污染。具体防治方法与绿霉相同。

（七）胡桃肉状菌

1. 危害特点　胡桃肉状菌又名狄氏裸囊菌、脑菌、假块菌等，其子囊果很像胡桃肉，故被称之为胡桃肉状菌，是高温期发生的危害性很强的竞争性杂菌。胡桃肉状菌的分生孢子和子囊孢子可随风飞散，或经人体和工具传播。子囊孢子可潜伏在菇房、床架和周围场地等环境中休眠，遇到适宜条件便重新萌发，造成危害。发生胡桃肉状菌的菇房，由于其休眠孢子的反复感染可在栽培中连年发生，因而危害严重。胡桃肉状菌菌丝白色、粗壮，侵染初期很难与金针菇菌丝区别，如果在金针菇发菌时或发菌期间已存在于培养料里，菌丝虽已发满菌袋却很难出菇。掰开菌袋，可以闻到一股刺鼻的漂白粉味，温度合适时，袋两头会出现胡桃肉状菌子囊果。该病菌也特别容易发生在第二潮菇或春季出菇的菌袋上。病菌喜高温、高湿条件，在 20～35℃时侵染力最强，培养基含水量达 70%、菇房空气相对湿度达 85% 以上时，孢子迅速萌发形成菌丝。

2. 防治方法　①菇棚使用前进行严格消毒处理。每立方米可用高锰酸钾 5 克、40% 甲醛 10 克密闭熏蒸，2 天后开启通风即可使用。老菇房可将地面表土层 3～4 厘米铲去，挖取菜地下层土壤进行回填。②培养料应呈碱性。③挑选优质菌种，剔除有硬块或有漂白粉味的菌种。④发菌温度尽量控制在 10～16℃，料内温度控制在25℃以下。⑤保持菇棚内空气畅通，避免高温、高湿，棚温控制在25℃以下，出菇期空气相对湿度控制在85%～90%。⑥一旦发现栽培袋受到侵染，应立即将栽培袋挑出或将覆土栽培袋完全挖出，并用50%多菌灵可湿性粉剂800～1000倍液，或5%石灰水喷洒周围。清除的病菌子实体，应远离菇棚深埋，防止病菌孢子传播。⑦及时清除废料残菇，保持菇房清洁卫生。

（八）酵 母 菌

1. 危害特点 酵母菌没有丝状菌丝结构，培养料受酵母菌污染后引起发酵变质，散发出酒酸气味。在培养料含水量过高、气温较高和通气不良的情况下容易发生。

2. 防治方法 培养料灭菌要彻底，在接种时要严格无菌操作规程，保证菌种质量。培养料含水量不能过高，调节pH值至8～8.5，菌丝生长期间加强通风，并注意防止高温和积水。

（九）裂 褶 菌

1. 危害特点 病菌主要生长在腐朽的阔叶树上，传播途径除了靠气流将孢子传播至培养料之外，更主要的是木屑上带菌，而带菌木屑在拌料时由于搅拌不匀，未吃透水分，无法灭菌彻底，而造成该杂菌的污染。裂褶菌丝的生长温度为10～42℃，最适生长温度为28～35℃。

2. 防治方法 装袋前将培养料搅拌均匀，让培养料吃透水并进行彻底灭菌，可有效防止该病菌的发生。

（十）褐 斑 病

1. 危害特点 金针菇褐斑病又名黑斑病、斑点病、金针菇黑头病，是引发金针菇菌盖表面产生褐色斑点的病害。病原菌为假单孢杆菌，温度18℃以上、空气相对湿度高于95%易发生，黄金针菇出菇温度在 14℃以上时发病较快。初秋高温期制袋的金针菇，出第一潮湿菇时易发生褐斑病，春季出第三潮菇时也易发病。发病初期菌盖上出现零星的针状小斑点，随着菇盖长大，病斑随之扩大，色泽加深，严重时菌柄也出现斑点，菌褶很少受到感染。病斑处水渍状，有少许臭味。白色菇种更易感病，严重时整丛菇体感病，失去商品价值。

2. 防治方法　①温度低于 28℃时开始生产出菇袋，以减少发菌期病菌侵染、出菇期病害发生。②出菇期温度控制在 6～14℃，空气相对湿度控制在 80% 左右，定时通风换气，能有效减少病害的发生。③加强菇房消毒处理，空菇房可通入 70℃的蒸汽消毒 2 小时，并用高锰酸钾和甲醛熏蒸 5 小时以上。发病严重的菇房应在消毒后空置一段时间再使用。

（十一）褐 腐 病

1. 危害特点　病原菌为欧文式杆菌；在金针菇菌盖、菌柄上形成褐色斑点，随后斑点扩大并开始腐烂。这种病原菌能溶解金针菇的菌丝，危害极大。侵染初期，在培养基表面，菇丛中渗出白色浑浊的液滴，使菇柄很快腐烂，褐变成麦芽糖色，最后呈黑褐色，发黏变臭。金针菇生长期，其单根数量多，菇丛甚密，且被套在薄膜袋内，呼吸作用很强，产生热量和水汽，而水分不能及时散失，引发病菌繁殖生长，发生褐腐病。

2. 防治方法　降低菇房温度和湿度，保持菇房通风。一旦发病，立即采收。

（十二）锈 斑 病

1. 危害特点　病原菌为荧光假单孢杆菌；金针菇菌盖上出现黄褐色至黑褐色小斑点，初期为针头大小，扩大后呈芝麻粒至绿豆粒大小，边缘不整齐。病菌只危害菌盖表皮，因此不会引起菌盖变形和腐烂。生产中常因高压灭菌不彻底或灭菌温度不够或灭菌时间不足，出现接种后细菌再次生长的现象。菇房内长期处于高湿状态，通风不良，特别是培养基中水分过高，菌盖上分泌出的水分不易及时挥发而积累在菌盖上，引发了病菌繁殖。发菌期菇房卫生条件差、通气不良、湿度偏大时均会引发细菌污染。栽培者常因为对细菌危害认识不足，对细菌污染防控不严，导致产量和质量受到严重损失。

2. 防治方法　①培养基灭菌应完全彻底，杀灭培养基中的一切生物，防止高压锅漏气或发生死角，规范灭菌程序。②母种或原种必须纯种培养，不用带有杂菌的菌种转管。③发菌室保持干燥通风，使用前彻底消毒。④出菇期要求菇房空气相对湿度保持在80%，每次喷水后要注意通风换气。发病后及时清除病菇。

（十三）基 腐 病

1. 危害特点　病原菌为拟青霉，菌丝白色、粉状，菌落粉红色。病害主要发生在菌柄基部，严重时也往菌盖部蔓延。子实体生长发育阶段，菇柄基部初期呈现水渍状斑点，后渐变黑褐色至黑色腐烂，腐烂后子实体倒伏。菇房温度高于18℃、空气相对湿度高于85%、通风不良时，病菇往往成丛成堆发生，病害大量发生时导致生产失败。

2. 防治方法　①培养料保持适宜的含水量，特别是子实体生长阶段，料袋端口不能长时期积水，倘若积水要及时引流倒掉，并适当增加通风量。②适当减少菇房菌袋摆放量，降低菇房温度，以减少病害发生。③一旦发生病害侵染，要及时清除病菇，然后用50%多菌灵可湿性粉剂800～1 000倍液或5%石灰水喷洒周围。

（十四）棉 腐 病

1. 危害特点　金针菇菇体基部被一种细长的白色杂菌菌丝

包住，时间一久，就会引起基部腐烂，以致菌肉部分变色、腐烂。这种杂菌的生长速度极快，往往布满整个培养基表面，并沿着菌柄生长，有的会长满整个子实体表面，形似棉花糖，随即产生大量白色粉末状孢子。

2. 防治方法 ①发生棉腐病的菌袋要及时清除深埋。②发病料袋周围用 50% 多菌灵可湿性粉剂 800～1 000 倍液进行局部消毒处理。③菇房降温至 14℃以下，空气相对湿度降至 80% 以下，停止喷水，加强通风。

三、常见害虫及虫害防治

随着金针菇栽培规模的不断扩大，虫害日趋严重，呈现出了种类多、生活习性复杂等特点。营养丰富的栽培料和适宜的出菇环境为害虫提供了优越的生活条件，侵染金针菇的主要害虫有菇蚊类、螨虫、线虫、蛞蝓（鼻涕虫）、跳虫（烟灰虫）和鼠类。发菌期取食金针菇的菌丝体，造成退菌；出菇期咬食金针菇的原基和菇体，造成原基消失、菇蕾萎缩、停止发育，直接造成减产或影响菇体外观，失去商品价值和食用价值。另外，有些害虫本身就是传播病菌的媒介，身体上带有的各种杂菌，在被害部位导致腐生性细菌或其他病原物侵染食用菌，引起病害流行，从而造成更大损失。另外，还有些害虫蛀蚀菌袋，加快菌袋腐烂，缩短持续出菇时间，造成间接危害。

（一）菇蚊类

1. 危害特点 幼虫直接危害菌丝和菇体，幼虫危害金针菇时常从柄基部蛀入，在柄中咬食菇肉，造成断柄或倒伏。成虫体上常携带螨虫和病菌，随着虫体活动而传播，造成多种病虫害同时发生，对金针菇产量和质量造成很大的损失。

2. 防治方法 ①搞好菇房及周围场所的环境卫生。周围环境不清洁往往是菇蚊类滋生的原因，所以菇房内的废料要及时彻底清除，废料清除后要打扫干净，并打开门窗进行大通风，使用前再用硫黄或甲醛消毒处理。菇房四周不能堆放垃圾、杂草等杂物。②合理选用栽培季节与场地；栽培场周围 50 米范围内无水塘、无积水、无腐烂堆积物，以减少菇蚊、菇蝇的寄宿场所。③菇蚊类喜食腐殖质，能被食用菌菌丝散发出的香味诱集入菇房，因此在菇房的门、窗和通气孔安装 60～80 目尼龙纱窗，可防止成虫飞入繁殖危害。菇房门窗上悬挂用高效氯氟氰菊酯乳油浸蘸过的棉球，熏杀成虫，棉球定期更换。④在成虫羽化期，菇房上空悬挂杀虫灯，每隔 10 米距离挂 1 盏灯，夜间开灯，早晨熄灭，诱杀成虫，减少虫口数量。无电源的菇棚可用黄色粘虫板悬挂于菇袋上方，待黄板上粘满成虫后更换新虫板。⑤转潮出菇前可用 20%除虫菊酯乳油 1 000 倍喷雾杀死成虫，菇房及四周空地均要喷到。

（二）螨 虫

1. 危害特点 螨虫别名菌虱、红蜘蛛，属蛛形纲。危害金针菇的害螨主要是粉螨。螨形体很小，一般成螨的体长 0.3～0.8 毫米。螨类喜栖温暖、潮湿的环境，常潜伏在棉籽壳、玉米芯、米糠、麦麸等原料和辅料中，场区周围的草丛和木屑堆也大量存在，可通过人为走动带到菌种室和培养室的菌袋上，或随同栽培料及其他材料进入培养室或菇房，少数种类也能吸附在蝇、蚊等昆虫体上进行传播。螨类可把金针菇的菌丝体咬断，引起菌丝枯萎，还可咬食小菇蕾及成熟的子实体。菌丝被螨类危害后，由白色变为黄色且在培养料上布满一层白色、黄色或褐色的粉状物，粗看似米糠，细看会爬动。菌种或栽培袋被害螨侵入后会出现菌丝生长不良、茸毛状菌丝减少，严重时菌丝退化消失，称之为退菌现象。螨害发生较轻时，影响出菇能力；大暴发时，培养料变黑腐烂。子实体被螨危害后，先出现黄色、褐色或棕色的变色

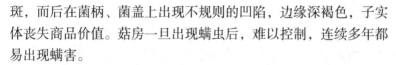

斑，而后在菌柄、菌盖上出现不规则的凹陷，边缘深褐色，子实体丧失商品价值。菇房一旦出现螨虫后，难以控制，连续多年都易出现螨害。

2. 防治方法 ①菌种培养室、菇房应与禽舍、粮食和饲料仓库保持一定距离，并在培养室和菇房内外经常喷洒杀螨虫的药剂，防止螨类入侵菌种、栽培菌袋（筒）和出菇房。特别是老菇房，栽培袋入棚前必须进行 1～2 次全面消毒，以杀死藏匿在菇房中的所有害螨。②种源带螨是导致菇房螨害暴发的主要原因，生产中应加强菌种检查，选用无螨菌种。③选用新鲜干燥的原材料作为培养料，并进行高温灭菌或发酵处理。④在转潮出菇前，用 25% 洗衣粉 400～500 倍液喷施。⑤糖醋液诱杀。在 5 千克糖醋液中加入 50～60 毫克敌敌畏，取一块纱布放在药液中浸湿覆盖在床面上，待菌螨爬上纱布后将其放在药液中加热杀死，纱布再次浸糖醋液重复使用。按此方法，每隔几天进行 1 次，可收到很好的效果。

（三）线 虫

1. 危害特点 有口针的线虫，依靠口针（含有消化液）穿入被害的菌丝体内，消化液通过口针进入菌丝细胞内，吸食和消化菌丝细胞的营养物质，从而使菌丝生长受阻，甚至萎缩消失，并使培养料变湿、变黑、发黏。没有口针的线虫，常群集在一起，依靠头部快速而有力地搅动，促使食物断成碎片，然后进行吮吸和吞咽，受损的原基不再出菇，或发育为菌盖薄小呈黄色或褐色软腐的畸形菇。线虫蛀食之后，往往为其他病原菌创造入侵的条件，从而加重或诱发各种病害的发生。线虫具有繁殖力强、活动范围小（水膜存在区）、团聚和混合发生的特点。由于虫体微小，肉眼无法观察到，常被误认为是杂菌危害，或是高温烧菌所致。栽培料被线虫危害后，菌丝由紧密结合状变为松散状态，子实体被危害后变成黄褐色，直至腐烂。

线虫侵染途径：①土壤。土壤是线虫的根据地，菌袋长时间与土壤接触，当温度与湿度条件适宜时，线虫便能轻而易举地进入菌袋。②水源。用含有线虫的水源浸泡菌棒或喷水补湿，以及多雨季节都会给线虫危害创造较多的机会。③菇房。老菇房的四壁、地表缝隙、已使用多年的栽培床架及室外搭建遮阳棚的材料中均有线虫的虫卵和休眠体潜伏，当环境和食料条件合适时会复苏侵染。④废料和烂菇。废料和烂菇中带有一定数量的线虫及其休眠体，如果不及时清理，可造成线虫危害。⑤昆虫和螨类身体上常常附着有大量的线虫，借助这类中间媒介，线虫可在较大的范围内传播侵染。

2. 防治方法　①搞好栽培场所的环境卫生，菇房使用前用2.5%高效氯氟氰菊酯乳油2 000～4 000倍液喷雾处理，同时要求地面不积水，控制蚊、蝇、螨类等害虫入侵危害。适当降低培养料内的水分和栽培场所的空气湿度，创造不利于线虫生存的环境，减少线虫的繁殖量。②出菇期日常管理用水要取干净的井水、河水或自来水，有条件的可对水进行净化处理，一般每立方米水加含30%有效氯的漂白粉0.25千克，或生石灰10千克。③出菇结束后及时清除残留在菇房内的烂菇及废料，室外菇场利用阳光对地面充分暴晒。对老菇房和床架材料，用浓石灰水涂刷，或用2.5%高效氯氟氰菊酯乳油2 000～4 000倍液喷雾处理。④药剂防治。用5%食盐水，或1%～2%石灰水对菌袋喷雾防治；用1%冰醋酸溶液，或25%米醋溶液，或0.1%～0.2%碘化钾溶液对子实体喷雾防治。

（四）蛞蝓

1. 危害特点　蛞蝓别名有鼻涕虫、黏虫。蛞蝓身体裸露，柔软，无外壳，暗灰色、黄褐色或深橙色，有2对触角。白天潜伏在石头、草丛、腐烂的草堆中和阴暗潮湿的角落里，夜间出来觅食，阴湿、通风不良的菇房易受到蛞蝓的危害。蛞蝓直接取食

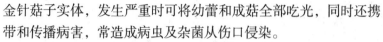

金针菇子实体，发生严重时可将幼蕾和成菇全部吃光，同时还携带和传播病害，常造成病虫及杂菌从伤口侵染。

2. 防治办法　①搞好栽培场所的环境卫生，清除蛞蝓白天躲藏的场所，如砖、石块、枯枝落叶和杂草等。在菇房地面和四周撒干石灰粉，使之无土面露出，减少蛞蝓躲藏场所。②利用蛞蝓昼伏夜出黄昏危害，或晴伏雨出阴雨天危害的规律进行人工捕杀。在蛞蝓常出入活动的场所喷洒高锰酸钾溶液和食盐水驱杀。③蛞蝓大发生时，将菇提前采摘，然后喷施高效氯氰菊酯乳油500倍液，可将蛞蝓杀死。

（五）跳　虫

1. 危害特点　菇房中常见的跳虫是黑角跳虫、黄疣跳虫、菇紫跳虫等，其颜色和个体大小因种类而异，但都具有灵活的尾部，弹跳自如。跳虫体表具油质，不怕水，多发生在潮湿的老菇房内，常密集在床面或阴暗处。该虫发生时常聚集在培养料或菌盖表面，咬食菌丝或子实体，使菌丝或菇体枯萎死亡；也能钻进菌柄或菌盖中取食，把子实体咬成许多孔洞，使之失去商品价值。条件适宜时，跳虫在菇房内每年可发生6～7代，繁殖极快。发生严重时，菇床上好像铺了一层烟灰状的粉末，故跳虫俗称烟灰虫。

2. 防治方法　①跳虫是栽培场所过于潮湿和卫生条件欠佳的指示性害虫，故生产中应搞好栽培场所的环境卫生，防止菇房过湿和周围积水。发生严重时可喷洒0.1%鱼藤精或1:（150～200）除虫菊酯溶液。②药剂诱杀。出菇前，可喷洒80%敌百虫可溶性粉剂500倍液，或40%乐果乳剂1 500倍液。出菇期间，可喷洒25%菊乐合剂1 500倍液。③采收后将80%敌敌畏乳油1 000倍液喷于纸上，再滴上数滴糖蜜，将药纸分散多处进行诱杀。此法效果很好，既安全又无残毒，还能诱杀其他害虫。

（六）老　鼠

1. 危害特点　老鼠有家鼠和田鼠等种类。在食用菌的菌种生产和菇袋发菌期间均易遭受鼠害，尤其是麦粒菌种，在发菌期间老鼠能拔掉瓶口棉塞或咬破薄膜袋，进而咬食麦粒菌种。老鼠携带多种病菌，被害后的菌袋被杂菌污染而报废。高温期间被老鼠扒出的培养基上常长出链孢霉，污染整个发菌室，迫使生产中断。老鼠昼夜活动，黄昏和黎明为活动高峰期，白天常见老鼠外出觅食。

2. 防治方法　①保持发菌场所和菇房清洁卫生，避免在菇房内外堆放生活垃圾。菌种房安装能封闭的门窗，防止老鼠侵入危害。②在菇场内养猫防止鼠害。禁止在培养料上投放鼠药，以免菌丝吸收后引发人食后的二次中毒。

四、常用药剂与病虫控制器

（一）常用消毒剂

1. 酒精　无色透明、具有特殊香味的液体（易挥发），呈弱酸性或中性，对人体刺激性小，对物品无损害，属微毒类药剂。可杀灭菌体，使蛋白质变性，但不能杀死细菌芽孢和真菌孢子。主要用于菌种袋、菌种瓶表面的擦洗、接种工具的浸泡、接种人员的手部消毒处理等。消毒用时需将95%原液稀释成70%～72%。酒精灯燃烧时用95%的浓度。生产中应选用医用或食用型酒精，不能用工业酒精或甲醇代替。

2. 高锰酸钾　有毒性且对人的皮肤有一定的腐蚀性，可杀死细菌体和菌丝片段，但不能杀死芽孢和孢子。主要作为食用菌环境消毒、擦洗菌袋和浸泡接种工具，使用浓度为1 000～2 000倍液。高锰酸钾与甲醛混合后产生氧化反应，散发出的甲醛气体有强烈的杀菌作用，这种气雾杀菌方式常用于接种室和培养室的空间消毒。用量为每立方米用 40% 甲醛 8～10 克、高锰酸钾 4～5 克，方法是先将高锰酸钾放入陶瓷或搪瓷容器中，然后加入甲醛溶液，密闭菇房 24 小时，使用前通风透气。

3. 甲醛　本品易燃，腐蚀性强，可致人体灼伤，具致敏性。其作用机制是凝固蛋白质，直接作用于有机物的氨基、巯基、羟基，生成次甲基衍生物，从而破坏蛋白质和酶，导致微生物死亡。最常用方法是将甲醛与高锰酸钾混合，其产生的气体用于空间消毒。

4. 二氧化氯　是一种高效、强力、广谱杀菌剂，可以灭杀一切微生物，包括细菌繁殖体、细菌芽孢、真菌、分枝杆菌和肝炎病毒及各种传染性病菌等。二氧化氯是液氯、漂白粉精、优氯净、次氯酸钠等氯系消毒剂中最理想的更新换代产品，在低温和较高温下杀菌效力基本一致，pH 值适用范围广，在 pH 值 2～10 范围内均可保持很高的杀菌效率。在食用菌生产中主要用于对空气、水、接种工具、环境等消毒处理，使用浓度为 100～500 毫克 / 千克。

5. 来苏儿　即甲酚皂溶液，能杀灭多种细菌，但对芽孢作用较弱。1%～2% 溶液用于手和皮肤消毒；2.5% 溶液浸泡拖把 30 分钟，拖洗地面能杀灭杂菌菌体；3%～5% 溶液用于接种工具和菌袋表面消毒。

6. 新洁尔灭　是一种季铵盐阳离子表面活性广谱杀菌药，杀菌力强，对皮肤和组织无刺激性，对金属、橡胶制品无腐蚀作用，不污染衣服，性质稳定，易于保存，属于消毒防腐类药剂。0.1% 溶液广泛用于接种环境的消毒，长期保存效力不减。接种工具置于 0.5% 溶液中浸泡 30 分钟，可杀灭各种致病菌。忌与肥皂、盐类或其他合成洗涤剂同时使用，避免使用铝制容器。

7. 石灰　属碱性氧化物，有刺激作用，可与酸类物质发生剧烈反应，具有较强的腐蚀性。在食用菌生产中常用 2%～3% 石灰水拌料，可提高培养料的 pH 值、抑制细菌发酵、促进培养料熟化。

（二）常用杀菌剂

1. 多菌灵　选择性杀菌剂，杀菌机制是干扰菌的有丝分裂过程。主要用50%可湿性粉剂和40%胶悬剂，配制成0.1%～0.2%溶液，用于拌料，可防止木霉、链孢霉等杂菌污染。

2. 甲基硫菌灵　选择性杀菌剂，杀菌机制是在生物体内转化为多菌灵，干扰菌在有丝分裂过程中纺锤体的形成，影响细胞分裂。主要用50%可湿性粉剂和70%可湿性粉剂，用干料重0.1%～0.15%的药液拌料，可预防木霉污染。

3. 二氯异氰尿酸钠　有机氯类杀菌剂，主要用40%可溶性粉剂和66%烟剂。40%可溶性粉剂，拌料用量为干料重的0.07%～0.1%；66%烟剂熏蒸菇房，每立方米用量为4～6克。二氯异氰尿酸钠可整体上降低培养料中的杂菌浓度，遇水即分解，作用时间短；多菌灵则是选择抑制某些霉菌的生长，作用时间长，联合用药可提高控菌效果。

4. 硫酸链霉素　低毒杀菌剂，无臭或微臭，易溶于水，常用72%可溶性粉剂。可用于出菇期间的细菌性病害防治，金针菇黄斑病用500倍液喷雾，连续用药2～3次可有效控制病情。

5. 硫黄　黄色粉末，不溶于水，主要用45%悬浮剂和50%悬浮剂。有杀菌、杀螨和杀虫作用，常用于菇房熏蒸消毒，每立方米用药量为7克，高温、高湿可提高熏蒸效果。

（三）常用杀虫剂

1. 氯氰菊酯　为拟除虫菊酯类杀虫剂，具有触杀和胃毒作用。对菇蝇、菇蚊、菌蛆具有杀伤作用，药效迅速。可用10%氯氰菊酯乳油2 000～3 000倍液拌料及空间喷施。出菇期，应在转潮出菇前喷施，或将菇全部采净后喷施。

2. 溴氰菊酯　杀虫活性高，以触杀和胃毒作用为主，对害虫有一定的驱避与拒食作用，但无内吸及熏蒸作用。对菇蝇、菇蚊、菌蛆杀伤效果显著。可在转潮出菇前，或将菇全部采净后，用 2.5% 乳油 2 000～3 000 倍液喷施。

3. 敌敌畏　为高效、速效、广谱有机磷杀虫剂，具有熏蒸、胃毒和触杀作用。拌料时可用 50% 敌敌畏乳油按干料重的 0.3%～0.5% 添加进去。出菇期严禁用药。

（四）病虫控制器

1. 臭氧发生器　臭氧是一种有气味的浅蓝色气体，具有广谱高效杀菌作用。利用其强氧化性，在较短时间杀灭细菌繁殖体、芽孢、真菌及病毒等一切病原微生物，使室内空气和物品表面达到理想的消毒与杀菌效果。其杀菌效果与过氧乙酸相当，强于甲醛，比氯系杀菌剂高 1 倍，可以驱除对气味较敏感的小动物和昆虫，如老鼠、蟑螂等。臭氧消毒特点：一是灭活速度比紫外线快 3～5 倍，比氯快 300～600 倍。二是灭活率随臭氧浓度的增加而提高。三是消毒时不消耗氧气，还原快。四是无消毒死角，凡空气能到达的地方均能有效消毒。五是不需要辅助药剂。六是使用方便安全。七是适用于接种室、培养室、出菇室等场地的空气消毒。

2. 粘虫板　粘虫板是利用多种害虫的成虫对黄色敏感、具有强烈的趋黄性的特点，采用黄色配以特殊黏胶制成的，实践表明诱杀效果显著。使用方法是从金针菇开袋或出菇期开始，保持不间断地使用，每亩（1 亩 ≈ 667 平方米）用 25 厘米 × 15 厘米规格的黄板 30 块，悬挂在菇床上方 20 厘米处。

3. 诱虫灯　诱虫灯是利用害虫趋光、趋波、趋色、趋性信息的特性，将光的波段和波的频率设定在特定的范围内，近距离用光，远距离用波，加以昆虫本身产生的性信息引诱成虫扑灯，害虫被频振式高压电网触杀，落入接虫袋内。使用方法是在成虫羽化期，在菇房上空悬挂杀虫灯，每隔 10 米左右挂 1 盏灯，夜间开灯，早上熄灯，可诱杀大量成虫，能有效减少虫口数量。

参考文献

［1］谢宝贵，张金霞. 食用菌菌种生产与管理手册［M］. 北京：中国农业出版社，2006.

［2］李育岳. 食用菌栽培手册［M］. 北京：金盾出版社，2007.

［3］黄瑞贞，陶雪娟. 金针菇高产栽培技术［M］. 北京：金盾出版社，2009.

［4］王朝江. 姬菇金针菇高效栽培关键技术［M］. 北京：中国三峡出版社，2006.

［5］黄晨阳. 食用菌技术100问［M］. 北京：中国农业出版社，2009.

［6］宫志远. 金针菇栽培实用技术［M］. 北京：中国农业出版社，2011.

［7］曹德宾. 有机食用菌安全生产技术指南［M］. 北京：中国农业出版社，2012.

［8］方芳. 食用菌标准化生产实用新技术疑难解答［M］. 北京：中国农业出版社，2011.

［9］宋金俤，曲绍轩，马林. 食用菌病虫识别与防治原色图谱［M］. 北京：中国农业出版社，2013.

［10］宋金俤. 食用菌病虫图谱及防治［M］. 南京：江苏科学技术出版社，2011.

［11］黄毅. 食用菌工厂化栽培实践［M］. 福州：福建科学技术出版社，2014.